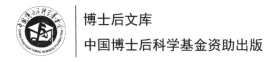

博士后文库

中国博士后科学基金资助出版

数值与解析逼近方法在钻柱系统稳定性分析中的应用

于永平　孙友宏　著

科学出版社

北　京

内 容 简 介

全书共 8 章，主要围绕大陆科学钻探用钻柱系统的稳定性问题，建立并分析了与深部大陆科学钻探系统相关的钻柱力学稳定性模型(以螺旋角为变量的井内钻柱屈曲及动力学模型；温湿载荷作用下的弹簧钻柱屈曲模型及简支温湿钻柱屈曲模型；考虑剪切变形的复合钻柱屈曲模型)，应用打靶数值法建立该问题的数值解，将线性化技术与 Galerkin 方法及牛顿谐波平衡方法相结合给出解析逼近解。通过分析某科研钻井设计的两个实例，研究系统参数(如钻柱壁厚与钻井环空等)、温度等因素对下部钻柱系统屈曲稳定性的影响，为优化下部钻具组合提供理论依据。最后，分析在深部大陆科学钻探装备系统中越来越广泛应用的 MEMS/NEMS(微/纳机电系统)陀螺仪传感器等设备的稳定性问题。

本书可供地质工程、结构工程、固体力学、工程力学等相关专业的科研人员、生产技术人员和研究生借鉴参考。

图书在版编目(CIP)数据

数值与解析逼近方法在钻柱系统稳定性分析中的应用/于永平，孙友宏著. —北京：科学出版社，2017.3
　　(博士后文库)
ISBN 978-7-03-052206-1

Ⅰ. ①数… Ⅱ. ①于… ②孙… Ⅲ. ①数学方法-应用-钻柱力学-力学模型-稳定分析 Ⅳ. ①TE921

中国版本图书馆 CIP 数据核字(2017)第 054803 号

责任编辑：王 运 金 蓉 韩 鹏/责任校对：韩 杨
责任印制：张 伟/封面设计：陈 敬

科 学 出 版 社 出版
北京东黄城根北街 16 号
邮政编码：100717
http://www.sciencep.com
北京科印技术咨询服务公司 印刷

科学出版社发行　各地新华书店经销
*
2017 年 3 月第 一 版　开本：720×1000 B5
2017 年 8 月第二次印刷　印张：9 3/4
字数：200 000
定价：78.00 元
(如有印装质量问题，我社负责调换)

《博士后文库》编委会名单

主　任　陈宜瑜

副主任　詹文龙　李　扬

秘书长　邱春雷

编　委（按姓氏汉语拼音排序）

付小兵　傅伯杰　郭坤宇　胡　滨　贾国柱　刘　伟

卢秉恒　毛大立　权良柱　任南琪　万国华　王光谦

吴硕贤　杨宝峰　印遇龙　喻树迅　张文栋　赵　路

赵晓哲　钟登华　周宪梁

《博士后文库》序言

　　1985 年，在李政道先生的倡议和邓小平同志的亲自关怀下，我国建立了博士后制度，同时设立了博士后科学基金。30 多年来，在党和国家的高度重视下，在社会各方面的关心和支持下，博士后制度为我国培养了一大批青年高层次创新人才。在这一过程中，博士后科学基金发挥了不可替代的独特作用。

　　博士后科学基金是中国特色博士后制度的重要组成部分，专门用于资助博士后研究人员开展创新探索。博士后科学基金的资助，对正处于独立科研生涯起步阶段的博士后研究人员来说，适逢其时，有利于培养他们独立的科研人格、在选题方面的竞争意识以及负责的精神，是他们独立从事科研工作的"第一桶金"。尽管博士后科学基金资助金额不大，但对博士后青年创新人才的培养和激励作用不可估量。四两拨千斤，博士后科学基金有效地推动了博士后研究人员迅速成长为高水平的研究人才，"小基金发挥了大作用"。

　　在博士后科学基金的资助下，博士后研究人员的优秀学术成果不断涌现。2013年，为提高博士后科学基金的资助效益，中国博士后科学基金会联合科学出版社开展了博士后优秀学术专著出版资助工作，通过专家评审遴选出优秀的博士后学术著作，收入《博士后文库》，由博士后科学基金资助、科学出版社出版。我们希望，借此打造专属于博士后学术创新的旗舰图书品牌，激励博士后研究人员潜心科研，扎实治学，提升博士后优秀学术成果的社会影响力。

　　2015 年，国务院办公厅印发了《关于改革完善博士后制度的意见》（国办发〔2015〕87 号），将"实施自然科学、人文社会科学优秀博士后论著出版支持计划"作为"十三五"期间博士后工作的重要内容和提升博士后研究人员培养质量的重要手段，这更加凸显了出版资助工作的意义。我相信，我们提供的这个出版资助平台将对博士后研究人员激发创新智慧、凝聚创新力量发挥独特的作用，促使博士后研究人员的创新成果更好地服务于创新驱动发展战略和创新型国家的建设。

　　祝愿广大博士后研究人员在博士后科学基金的资助下早日成长为栋梁之才，为实现中华民族伟大复兴的中国梦做出更大的贡献。

中国博士后科学基金会理事长

前　　言

本书依托于国土资源部重大项目"深部大陆科学钻探装备研制"、博士后面上项目"基于流固耦合分析的井内万米铝合金钻柱的涡动与横向耦合振动研究"及相关校内项目，是以上项目关于钻柱稳定性问题研究工作的系统总结。20世纪90年代中后期我国启动深部大陆探测计划以来，现已完成的科学钻探项目有4个："中国大陆科学钻探井(CCSD-1)""柴达木盆地盐湖科学钻探""松科1井""汶川地震科学钻探"。目前，正在实施的科钻项目1个，将要实施的有两个。由孙友宏教授课题组承担的中国大陆科学钻探万米钻机项目于 2011 年末顺利通过验收，这是我国首台用于深部大陆科学钻探钻机；在 2013 年用其进行"松科二井"的钻探工作，目前工程进展顺利。我国的大陆探测计划已经取得了一些成绩，但是与国外还是有很大差距。要赶超俄美等钻探大国，实现我国万米甚至超万米的超深井钻探的成功，钻柱系统稳定工作是最关键的一个环节。当钻孔达到或超过一定深度后，只是钻杆柱的自身重量就会使钻杆柱发生拉伸断裂破坏，更何况超深井钻探中，钻柱处于非常复杂的力学物理环境中，承受着拉、压、弯、扭等交变应力的频繁作用，同时还承受着高温、孔壁摩擦磨损及携带着岩屑的冲洗液的磨料磨损作用，对钻杆的性能要求非常高。国内还没有用于深孔钻探的铝合金钻杆，亟须开展研发工作。另外，随着现代国民工业的迅速发展，当今社会对油气资源的需求越来越大。在新世纪时代的石油天然气等油气勘探中，深井和超深井成为国内外各大油气田增产上储的主要手段，而钻柱失效在石油钻井界是普遍存在的。仅 1988 年，我国各个油田的钻具事故次数就达 540 多次，造成很严重的经济损失，直接经济损失超过 4060 万元。近代以来，每年国内外都会发生大量钻柱失效事故，造成重大经济损失。在 1994～1997 年期间，塔里木油田共发生钻柱事故 146 起，直接经济损失达 146 万元。频繁的钻具失效事故不仅增加了钻具消耗，更重要的是增加了起下钻时间，影响了钻井作业的正常进行。鉴于此，必须要发展新的技术来减少甚至避免事故的发生。

工程实践及理论研究均表明：钻柱的动力学行为和其失效密切相关。因而从研究钻柱的动力学行为出发，建立更精确的力学模型进行钻柱动力学特性分析，可以准确预测井眼轨迹，更好地了解和掌握钻柱的工作状态，从而提出合理的预防措施，揭示其失效的力学机理，减少钻具断裂事故和有效延长钻柱寿命。利用钻柱动力学分析结果可以优化钻柱结构和钻井参数，降低甚至利用钻柱的振动，保护各种井下工具，提高钻井钻采效率，提高测量参数的准确性，降低钻探成本，大大提高我国钻井行业的自身水平和国际竞争能力。

为此，笔者以深部大陆科学钻探设备研制项目及博士后面上项目等为依托，开展钻柱稳定性问题研究。主要围绕大陆科学钻探用钻柱系统的稳定性问题，建立了与深部大陆科学钻探系统相关的钻柱力学模型，通过数值及解析逼近方法分析了钻柱的屈曲及非线性振动特性。通过分析某科研钻井设计的两个实例，研究系统参数对下部钻柱系统屈曲稳定性的影响。最后分析了 MEMS/NEMS（微/纳机电系统）陀螺仪传感器等设备的稳定性问题，此类设备在深部大陆科学钻探装备系统中有着越来越广泛的应用。

全书共 8 章。

第 1 章阐述了钻柱稳定性问题的研究意义，相关领域的国内外文献综述，着重回顾了与本专著研究内容紧密相关的基于受约束管柱的钻柱力学模型、弹簧钻柱稳定性模型、温湿钻柱及复合钻柱的屈曲模型研究现状。

第 2 章概括介绍了工程分析中常用的数值及解析逼近方法。

第 3 章对于钻柱屈曲问题，基于受约束管柱模型：不包含摩擦力的情况，构造了解析逼近解；对于含有摩擦力影响的情形，应用扩展系统打靶方法给出了数值解。针对典型的钻具组合形式，还分析了钻井系统参数对于钻柱屈曲稳定性的影响。此外，通过水平井振动模型，还研究了钻柱动力学问题，提出了此模型的解析逼近解。

第 4 章首先介绍了某科研井钻孔结构设计方案、钻井设计方案。然后，应用第 3 章的受约束管柱模型，对此科研井的钻柱组合实例进行了下部钻柱屈曲稳定性分析。对于孕镶金刚石取心钻头的钻具组合，分析了两种壁厚的下部钻柱稳定性问题。

第 5 章集中研究了基于弹簧钻柱及简支温湿钻柱的热应力后屈曲变形力学模型的钻柱稳定性问题。对于单自由度横向位移变量的非线性控制方程，通过选取适当的容许横向位移函数，然后应用 Galerkin 方法与牛顿-谐波平衡方法，建立了显式的解析逼近解。通过具体的钻柱屈曲实例，研究了温度应力对钻柱稳定性的影响。

第 6 章集中研究了复合钻柱的后屈曲变形问题。通过将 Maclaurin 级数展开、Chebyshev 多项式与牛顿-谐波平衡法相结合，建立该问题的后屈曲解析逼近解。选择典型例子，将所提出的解析公式与数值解及摄动解相比较给出该方法的精确性。另外，创造性地分析了钢与铝合金两种材料制成的复合钻柱的力学性质。

第 7 章将拉格朗日法及牛顿谐波平衡法相结合来研究楔形、双型变截面杆及变截面钻杆的大幅振动的动力学行为特征。

第 8 章研究了深部大陆科学钻探系统（钻井平台、钻柱姿态测量、钻头探测等）中广泛应用的 MEMS/NEMS 陀螺仪传感器的稳定性问题。依托典型实例，给出数值与逼近方法计算的吸合电压值，提出解析逼近解的精确性。最后，根据解析逼近解还分析了各种物理与几何因素对于吸合电压的影响，进一步深化了微梁杆柱的非线性屈曲理论。

本书的著作责任人为孙友宏教授和于永平博士。全书由孙友宏教授统筹策划与安排，编写工作由孙友宏教授和于永平博士共同完成，相关研究生参与了材料的搜集及章节的文字校对工作。

衷心感谢孙友宏教授课题组——吉林大学复杂条件钻采创新团队的各位老师的支持与帮助。感谢博士后基金会及国土资源部深部探测专项的大力支持。感谢项目全体研究人员在项目研究过程中付出的艰苦努力，感谢所有为本项目顺利完成和本书出版提供支持的专家和朋友。

由于作者水平有限，书中难免有疏漏及不足之处，衷心希望读者批评指正。

目　　录

第1章 绪 论

钻柱稳定性问题已成为近代钻柱力学的一项重要研究内容,也是目前钻井领域迫切需要解决的课题之一。从某种意义上来说,对钻柱稳定性力学模型[薄壁结构(钻柱板壳)等]的研究,也能推动结构弹性及动力学稳定性理论的完善和发展。本专著首先分析与深部钻井钻柱系统的宏观结构相关的力学稳定性模型,应用数值及解析逼近方法建立该问题的数值与解析逼近解,为钻柱系统及结构工程的设计及优化提供必要的理论基础。然后,分析系统参数对钻柱屈曲影响,结合某科研钻井设计实例给出模型有效性。

1.1 钻柱力学的研究背景和意义

本书主要研究钻柱弹性稳定性及动力学特性,其属于钻柱力学的范畴。钻柱力学是指应用数学、力学等基础理论和方法,结合井场资料以及室内实验等数据综合研究受井眼约束的钻柱的力学行为的工程科学。开展钻柱力学研究,对钻柱进行系统、全面、准确的力学分析,在钻柱强度校核、井眼轨道设计与控制、钻柱结构和钻井参数优化等方面都具有重要意义(苏义脑、徐鸣雨,2005;苏义脑,2008; Gao, 2012)。钻柱力学研究已经有 60 多年的发展历史,很多研究成果已应用到生产实践并产生了巨大的经济效益。然而,由于钻柱处于非常复杂的力学环境中,要准确描述钻柱的实际动力学行为,还是非常困难的。当钻孔达到或超过一定深度后,只是钻杆柱的自身重量就会使钻杆柱发生拉伸断裂破坏,还承受着拉、压、弯、扭等交变应力的频繁作用,同时还承受着高温、孔壁摩擦磨损及携带着岩屑的冲洗液的磨料磨损作用,对钻杆的性能要求非常高(张伟,2005)。另外,随着现代国民工业的迅速发展,当今社会对油气资源的需求越来越大。在新世纪时代的石油天然气等油气勘探中,钻柱失效在石油钻井界普遍存在于深井和超深井的国内外各大油气田增产上储的主要手段中。图 1.1~图 1.3 为钻柱失效图片和钻井事故图片。近代以来,每年国内外都会发生大量钻柱失效事故,不仅增加了钻具消耗、增加了起下钻时间、影响了钻井作业的正常进行,而且造成了重大经济损失(李世忠,1990)。鉴于此,必须要完善钻柱力学理论,发展新的技术来减少甚至避免事故的发生。利用钻柱动力学分析结果可以优化钻柱结构和钻井参数,降低甚至利用钻柱的振动,保护各种井下工具,提高钻井钻采效率,提高测量参数的准确性,降低钻探成本,大大提高我国钻井行业的自身水平和国际竞争能力(狄勤丰等，2006；刘清友等，2009)。

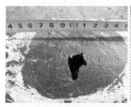

图 1.1　钻柱失效图片

图 1.2　钻井井喷现场图片

图 1.3　美国墨西哥湾漏油事件图片

1.2　国内外研究现状

科学钻井工程的许多方面(比如钻柱的性能、测井设备的安全性及精确性等)都和钻柱的稳定性息息相关。由于近年来钻柱失效、钻柱卡井、套管磨损等事故的频繁发生，钻柱稳定性已成为钻井领域一个严峻的问题(Gulyayev et al., 2009; Tan and Gan, 2009)。另外，随着钻井技术的发展，超深油气井甚至可以超万米；为了某些特殊需要，有些井的几何结构非常复杂。这导致对钻柱工作的稳定性要求极高，所以研究钻柱稳定性是非常重要及有实际意义的。经过数十年的发展，钻柱力学已经取得了举世瞩目的成就。现就几种比较典型的钻柱力学模型加以回顾。

1.2.1　基于受约束管柱的钻柱力学模型综述

Lubinski（1950）最早提出并研究钻柱屈曲问题。利用能量法，Paslay 和 Bogy（1964）得出了管柱在斜直井眼中发生正弦屈曲的临界载荷计算公式。利用力学基本方程 Mitchell（1986）分析了螺旋屈曲的轴向载荷、接触压力和内力等。Chen 等（1990）从理论与实验两方面得出了正弦屈曲和螺旋屈曲的临界屈曲压力的公式。运用最小势能原理和变分方法，高国华（1995）导出了描述水平井眼内管柱屈曲变形的四阶非线性微分方程，指出钻柱屈曲存在直线稳定状态、正弦屈曲状态和螺旋屈曲状态，求得了该非线性系统的两个分叉点及相应的两个临界屈曲载荷。在考虑管柱自重影响下，Huang 和 Pattillo（2000）运用能量法导出了斜直内中受压管柱的平衡方程，斜直井眼中的钻柱在自重和上端轴向压力作用下的螺旋屈曲得以分析。随着轴向载荷的增大，钻柱经历了正弦屈曲和螺旋屈曲过程；在屈曲过程中钻柱始终紧贴井壁，而当钻柱上端的轴向力较小时，钻柱由于重力的作用将躺在下井壁。利用力学方法，Li（1999）主要分析了斜直井内的油气井杆管柱的稳定性判别、几何线性和非线性螺旋屈曲。利用能量变分原理，Gao 等（2002），高德利（2006）以及 Qin 和 Gao（2016）详细研究了约束管柱的曲率、自重以及摩擦力对管柱屈曲的临界载荷的影响，对水平井和斜井管柱在压扭作用下的屈曲和后屈曲行为进行了深入研究。2005 年以来，刘峰等（2007）用有限元法对钻柱的螺旋屈曲问题进行了研究。最近，Nathan 等（2008）将钻杆柱的屈曲问题作为一个特征值问题进行研究；而将此问题作为一种准静态加载过程，Weltzin 等（2009）则是直接去求解钻柱在直井中的屈曲平衡方程，这两种方法都得到了该问题的解。

综上所述，有关井内钻柱屈曲分析的研究极其丰富，形成了几种比较典型的研究方法（Gao and Liu, 2013; Wang et al., 2014; Huang et al., 2015; Wang et al., 2015a, 2015b）：经典微分方程法、能量法、有限差分法、纵横弯曲连续钻柱法、有限元法和加权余量法。许多学者在进行研究时都做了很多假设，但由于钻柱屈曲问题的复杂性，有一些方法仅限于学术讨论。从上面研究资料可以发现或多或少存在着下列的一些问题：

（1）小角位移假设，忽略了与角位移有关的一些高阶项；

（2）采用假设的位移函数（如等螺距假设、正弦函数假设），真实的钻柱变形状态无法得到反映；

（3）钻柱重力对钻柱屈曲的影响一般被忽略；

（4）扭矩对钻柱屈曲的影响没有很好的分析；

（5）不同的边界条件对屈曲的影响很少被考虑；

（6）对于钻柱复杂的屈曲方程还没有建立高精度的解析逼近解。

钻柱动力学从研究涡动开始，Dunayevsky 等(1984)第一次提出了钻柱系统不仅绕其本身轴线转动同时存在着涡动。对直井中钻柱的纵向振动和扭转振动进行了相应的实验和分析，Baily 和 Finnie (1960)，Finnie 和 Baily (1960)，近似计算出了钻柱的固有频率(不考虑钻井液阻尼情况下)。Skaugen (1987)研究了钻头随机振动对钻柱纵向振动的影响，从随机观点分析了钻柱振动问题。对大位移井管柱的"黏滑"振动问题 Kyllingstad 和 Halsey (1988)作了深入探讨，并从实验上得出了提高转速有利于减小钻柱"黏滑"振动的结论。Burgess 等(1987)发现井眼的角度决定稳定器上方的钻铤靠在井壁的位置，此位置决定了横向振动系统的长度；钻柱横向振动的共振频率主要取决于钻铤的尺寸和刚度、稳定器的位置和井眼的角度。对牙轮钻头引起的钻柱的轴向和扭转振动，刘清友和马德坤(1998)，刘清友等(2000)分别进行了分析。Jansen (1991)的研究向学者们揭示了钻柱动力响应有着很强的非线性，甚至进入混沌状态。对钻头和钻柱的动力学特性问题，Dykstra 等(1996)进行实验研究与理论分析相结合的研究，证明了包括偏心、初弯曲及偏磨等的钻柱质量不平衡是引起钻柱横向振动的主要原因之一。通过对牙轮钻头的钻柱动力学分析，Dunayevsky 等(1993)从理论上给出了 BHA 横向振动的原因，为钻柱横向振动的理论研究提供了理论依据。通过对钻井振动系统适当简化，李子丰(2004)，Li 和 Guo (2007)针对钻柱纵向振动分别建立了力激励法和位移激励法的钻柱纵向的数学模型；分别建立了针对钻柱扭转振动扭矩的激励法和转角激励法的扭转振动的数学模型。到现在为止，对钻柱的纵向和扭转振动等的动力学研究，还仅限于直井内钻柱对钻头处的简单边界条件响应问题。现在采用的钻头处的边界条件都是假设的，由于钻头处的边界条件十分复杂且多变，为此，钻柱纵向和扭转振动的研究还是处于开始阶段。

利用转子动力学理论，肖文生等(2004)分析了在内外钻井液流体作用下的钻柱涡动行为。研究表明，钻柱外钻井液使钻柱承受一个与其旋转运动速度同向的侧向力，加大了钻柱涡动行为，钻柱内钻井液将影响钻柱的受力状况及运动形式；在钻柱与井壁接触摩擦作用下，钻柱在低速时也发生涡动。通过建立和求解了内外钻井液对钻柱动压力的数学模型，探讨和描述了内外钻井液作用下钻柱涡动过程的动力学机理和运行规律。最终，得到了钻柱涡动失稳的临界条件。通过建立了一个新的实验室模型，Elsayed (2007)研究了钻柱动力学，此模型可以模拟钻柱多种力学特性。在分析了钻柱的轴向、横向和扭转的耦合振动的基础上，Yigit 和 Christoforou(2006)定量描述了钻头与地层、钻柱与井壁相互作用对振动的影响。通过建立了一个向下传送液体的悬挂管状悬臂钻柱的动力学理论模型，Païdoussis 等(2008)研究了钻柱动力学行为，线性运动方程是通过应用 Galerkin–Fourier 方法与 Galerkin 法求解的。此构型类似于由液体驱动钻头的钻柱模型，因此其结果可应用于钻柱动力学分析。基于意大利石油钻井业中的 750 起钻杆失效事件，

Moradi 和 Ranjbar（2009）通过应用冶金检测及有限元计算方法分析了钻杆失效的原因。结果显示由各种类型的振动导致的钻柱裂缝是引起钻柱失效的主要原因。依据这些数据，深度及套管的安装点对钻柱失效的影响被检测。此外，动力学后失效分析可以用于预测临界旋转速度和钻柱部件的响应，结果表明其与以往的结果有很好的一致性。Kong 等（2009）对铜杆深孔钻头钻进系统的稳定性及非线性动力学进行了研究，通过等参元素的有限元方法、雷诺方程的变分形式来计算非线性液体动力及 Jacobian 矩阵，最后用改进的打靶方法得到了此问题的极限环解及其周期。结果表明质量偏心从某种程度上可以抑制钻轴的涡动。应用 Timoshenko 梁理论，Ritto 等（2009，2010）建立了包含作用于钻柱的主要载荷(如钻头与岩石相互作用力、流固耦合作用力以及冲击作用力)的钻柱动力学模型，此模型中用到了流固耦合模型及有限元方法。钻头-岩石相互作用模型的不确定性是用随机计算模型建立的，用非参数概率方法求解的。其研究结果显示钻头与岩石的耦合作用模型中的不确定性对于轴向振动、扭振及横向振动耦合响应起到非常重要的作用。

综上，钻柱动力学经过数十年的发展取得了很多成绩，从钻柱动力学方程建立的方法上看，目前主要有两种：有限元法（Sampaio et al., 2007），微分方程法（Gao et al., 2002; Kong et al., 2009; Sun et al., 2015a; Sun et al., 2015c）。但是此领域仍然存在很多技术问题没有解决，具体如下：

(1)目前还无法做到对复杂钻井条件下钻柱运动规律的准确描述，对钻柱的黏滑振动、涡动机理的研究明显不足，没有获得实质性的进展。

(2)多局限于对钻柱纵向振动、横向振动和扭转振动等各单一振动形式分析，对更复杂的非线性耦合振动问题研究较少。

(3)现有的研究工作与实际的钻井工况还存在一定差距，大多着重于理论上定性分析，定量分析尚有欠缺。

(4)除少数文献考虑钻井液对钻柱动力学行为的影响外，目前的研究还主要考虑固体模型，基于流固耦合模型的钻柱动力学分析欠缺。建立与实际钻井工作条件相符合的精确流固耦合模型更是迫在眉睫。

本书第 3 章就是基于受限制管柱稳定性模型研究钻柱的屈曲及动力学稳定性问题，给出该问题的解，为实际工程提供必要的理论储备。

1.2.2　弹簧钻柱稳定性模型介绍

目前,机械及土木工程师对如何能设计出具有良好稳定性的结构(如钻柱、板、壳)产生极大的兴趣。如果构件是在内部热载荷及机械压应力作用下，那么，必须要研究非线性及大变形挠度影响。许多学者研究过轴向或者横向边界位移约束下的基本构件的热后屈曲变形行为。现存的文献也有对于温度应力作用下的构件的屈曲变形行为进行研究的。现就经典边界条件下的钻柱热屈曲及后屈曲行为的主要研究工作进行回顾。Thompson 和 Hunt（1973），Rao 和 Rao（1984），Ziegler 和 Rammerstorfer（1989），Raju 和 Rao（1993），Rao 和 Raju（2002a）等应用 Raleigh-Ritz 方法、分支理论或者直观法研究了均匀梁柱的热后屈曲问题。Li 和 Cheng（2000）应用打靶法研究了简支及固支梁的后屈曲变形问题。而弹性地基参数对于临界温度及后屈曲温度的升高的影响则由 Raju 和 Rao（1993），Song 和 Li（2007）所考虑。Coffin 和 Bloom（1999）研究了轴向固定边界条件温湿梁的大对称后屈曲变形，并且提出了椭圆积分解——由两个耦合椭圆积分方程决定后屈曲变形的数值解。通过将牛顿法与谐波平衡方法相结合，Yu 等（2008）构造了温湿梁屈曲变形的解析逼近解。经过与打靶数值解相比较后发现，该解对于小变形及大变形都有较高的精确度。在忽略面内惯量、阻尼及轴向分布力的前提下，Emam 和 Nayfeh（2009）应用轴向及横向运动控制方程得到了一个单自由度的横向位移控制方程。通过考虑固支、一端简支一端固支、简支边界条件，他们发现，相比于机械载荷，温度载荷下的构件能够有较高的后屈曲承载能力。

关于基本构件热后屈曲的早期研究，大多数都只考虑经典边界条件，即简支或者固支，而忽略支撑旋转刚度的影响。随着研究的不断深入，经典的边界条件已不足以反映现实的情况，所以支撑刚度的影响必须被考虑进去。目前比较常见的做法是将支撑简化成旋转弹簧，用弹簧刚度来表示支撑刚度。经典的边界条件被看做是极限情况（刚度消失对应于简支，而刚度趋于无穷大则对应于固支）。受 Elishakoff（2001）启发，Rao 等（2012）应用 Rayleigh-Ritz 法及兼容性条件得到了弹簧柱热后屈曲问题的一个显式解析解与非线性有限元的数值解。然而，对于大后屈曲变形，他们得到的解析的后屈曲载荷及后屈曲变形解路径精度较低。

许多实际工程结构，比如航天器、汽车以及其他细长轻质结构等在经历严厉的动力学环境时经常发生大幅度自由振动 (Rao and Raju, 2002b; Rao et al., 2008; Gunda et al., 2010)，所以研究清楚这些结构的动力学特征(比如幅频关系)是非常重要的。

简支梁的大幅自由振动首次被 Woinowsky-Krieger（1950）研究。此后，经过几十年的研究发展，许多逼近方法，如 Ritz-Galerkin 法（Srinivasan, 1965）及数值方法（Mei, 1972; Rao et al., 1976; Singh et al., 1990），如有限差分法、有限元法、改进的有限元法，用于解决该问题。然而，大多数的早期研究只考虑了经典的边界条件(如简支或者固支条件)，忽略支撑旋转刚度的影响。在实际的工程结构中，结构的变形行为都是依赖端部的支撑刚度的。通过将端部支撑假设成弹性旋转弹簧，用弹簧刚度体现支撑刚度的影响，可以建立起更加符合实际的力学模型。经过假定空间模态的直接积分方法(Rao and Raju, 2002b)与有限元法(Rao and Raju,

1978)已经用于解决该问题。但是，这些方法只能给出数值解，并且由于系统包含参数较多导致计算量较大。本书 5.1 节就是要建立该问题的高精度解析逼近解，方便实际应用（Yu et al., 2013b; Sun et al., 2016a）。

1.2.3 温湿钻柱及复合钻柱的屈曲模型进展

屈曲失稳已是压力作用下柱的首要失效模式。柱屈曲的外部载荷可以是机械载荷，也可以是由于温度或湿度变化引起的温度应力。研究清楚弹性温湿柱的屈曲及后屈曲变形行为对于铁轨、光学纤维、绳系卫星、海底管线运输等的设计是尤为重要的（Gauss and Antman, 1984; Jekot, 1996; Boley and Weinner, 1997; Khdeir, 2001; Rahman, 2001; Javaheri and Eslami, 2002）。温湿柱屈曲不同于机械载荷作用下的屈曲，柱的伸长必须予以考虑。在过去的几十年中，基于经典理论，许多研究成果已经得到：只将轴向应变进行高阶展开，一阶后屈曲响应逼近由 Nowinski（1978），Ziegler 和 Rammerstorfer（1989），Boley 和 Weinner（1997）给出。他们的推导表明当临界屈曲温度改变时，初始后屈曲轴向力保持不变。El Naschie（1976）用变分法证明了温湿柱后屈曲响应是稳定的，并且预测在后屈曲响应阶段轴向力将增加。随后，Coffin 和 Bloom（1999）指出 El Naschie（1976）得到的结论是无效的，因为 El Naschie（1976）的结论是在轴向应变与转角无关的假设下得到的。

忽略轴向的几何非线性，Jekot（1996）研究了物理非线性的热弹性材料柱的热后屈曲响应问题，其仍然预测柱屈曲之后轴向荷载为常量。Coffin 和 Bloom（1999）通过假设自由伸长应变随温度或湿度是线性变化的，并且考虑轴向应变与转角的相关性，在精确几何非线性意义下，利用椭圆积分得到了均匀加热两端不可移动简支柱的热后屈曲响应解。但是，由于端部约束反力和温度载荷出现在上述的椭圆积分表达式中，它们的求解是相当困难的，只能得到该问题的数值解。应用打靶方法，Li 和 Cheng（2000）对简支及固支边界条件的柱进行了热后屈曲行为研究。在考虑热伸展影响下，Cisternas 和 Holmes（2002）集中研究了柱热后屈曲平衡解的分支问题。Vaz 和 Solano（2003）假设沿柱长的温度梯度是不变的，研究了具有非线性温度应变关系的线弹性材料的初始直细长柱的后屈曲响应问题，得到此问题的解耦的椭圆积分解。

近些年，随着纤维增强复合材料壳结构广泛应用于航空航天、船舶、汽车及其他工程工业，基于经典壳理论的复合结构热后屈曲研究成果存在于文献中。基于能量法，Dafedar 和 Desai（2002）提出了一个新的分析理论来研究复合板结构的热屈曲问题，所得到的解与三维弹性理论解符合较好。Liu 等（2006）在考虑了温度沿板厚度非均匀分布前提下，分析了轴向压力作用下的复合柱屈曲响应问题。

由于温度梯度的影响，结构的变形行为与具有缺陷的柱变形相像。Wang 和 Dong (2007) 用能量法研究了不同分层形状的圆柱壳的局部热后屈曲问题，得到了临界应变与几何及物理参数的依赖关系。Kundu 和 Han (2009) 用有限元法给出了热弹壳的非线性屈曲分析，结果表明由于湿热环境产生的壳的大变形将导致结构的不稳定。与以上的研究不同，Lal 等 (2011) 研究了随机性对于复合壳热后屈曲载荷的影响，通过与已存的结果相比较，证明了所提出的统计方法的有效性。Yu 等 (2008) 利用贝塞尔函数与谐波平衡法构造了两端不可移动简支柱在温湿荷载作用下后屈曲大变形问题的易于应用的解析逼近解。由于椭圆积分解是隐式的，以往给出的解要用到贝塞尔特殊函数，给应用带来不便。所以本书 5.1 节的目的是建立简支温湿柱后屈曲大变形的高精度简洁解析逼近解 (Yu and Sun，2012)。

如何更好地理解复合结构(如复合柱、板、壳、柱等)屈曲及后屈曲变形对于航空航天器、飞机、轮船等的设计及制造是极其重要的。另外，复合结构在普通生活消费中展现了良好的抵抗破坏的能力 (Lönnö，1998)。自 1940 年以来，许多学者从事数值理论的研究：Williams 等 (1941)，Allen (1969)，Hunt 等 (1988)，Hunt 和 Da Silva (1990)，Frostig 等 (1992)，Atanackovic (1997)，Cveticanin 和 Atanackovic (1998)，Hunt 和 Wadee (1998)。

最近，为了发现主分支平衡路径以及隔离超临界和亚临界后屈曲行为，Léotoing 等 (2002) 通过应用解析模型及数值有限元模型，致力于描绘复合柱屈曲及后屈曲不稳定特性。而 Huang 和 Kardomateas (2002) 利用摄动方法，得到了考虑横向剪切影响的复合柱屈曲及初始后屈曲变形的渐进解。结果表明如果不考虑剪切位移，所求出的复合柱横向位移值将会低于真实值。Lyckegaard 和 Thomsen (2006) 分别利用复合柱高阶理论及有限元方法，从实验及数值上研究了纯弯条件下的直-曲复合柱的屈曲行为，他们发现两种分析得到的屈曲模态相同，但是实验得到的屈曲载荷比数值得到的要低许多。在包含了扭转及剪切力影响下，El Fatmi (2007) 建立了适用于均匀弹性且各向同性柱的一般非均匀翘曲柱理论。不久，将此理论推广到面外非均匀翘曲情形。通过假定正交各向异性材料组成的横截面是对称的，以及考虑了泊松比的影响(即面内翘曲)，他们得到了复合柱结构的三维应力封闭解。另外，他们还第一次得到了悬臂复合柱的扭转、剪切与弯曲耦合变形的数值结果。

众所周知，尽管复合结构被设计成一个整体，但是受压复合板有时还会产生局部屈曲或者褶皱。许多学者专注于复合结构的局部屈曲：Luongo (1991)，Mirmiran 和 Wolde-Tinsae (1993)，Wadee (2000)，Kim 和 Sridharan (2005)，Wadee 和 Simões da Silva (2005)，Ji 和 Waas (2007, 2008)，Wadee 等 (2010)，Shariyat (2011)。特别地，最近 Yiatros 和 Wadee (2011) 应用不同弯曲理论，同时考虑弯曲及压缩的影响，研究了复合柱-柱结构的局部屈曲问题。控制方程是用总势能及变分原理推导的，并且用 AUTO97 软件包来数值求解的。通过将结果与有限元模型解比较，阐述了所提出方法的有效性。基于 Huang 和 Kardomateas（2002）所推导控制方程，本书 5.2 节提出一个供选择方法求解包含横向剪切影响的复合柱初始后屈曲变形问题（Yu et al., 2013a）。

在综述以上这些钻柱稳定性模型的基础上，本书集中研究了几种钻柱力学模型的后屈曲变形及振动问题。给出了解决相应问题的数值打靶方法与构造解析逼近解的方法。主要分两大方面，第一方面：分析了几种深部钻井的钻柱系统宏观力学稳定性模型，应用数值及解析逼近方法建立该问题的数值与解析逼近解，为钻柱系统及结构工程的设计及优化提供必要的理论基础。第二方面：通过分析某科研钻井设计实例，研究系统参数（如钻柱壁厚与钻井环空等）对下部钻柱系统屈曲稳定性的影响，为优化下部钻具组合提供理论依据。具体如下：

（1）基于受约束管柱的钻柱力学模型来研究钻柱屈曲问题：不包含摩擦力的模型，构造了解析逼近解；对于含有摩擦力影响的模型，应用扩展系统打靶方法给出了数值解。对于钻柱动力学问题：水平井振动模型，提出了解析逼近解。通过分析某科研钻井下部钻具组合屈曲实例，给出其下部钻具屈曲的形状。发现随着井深增加，钻柱螺旋角、钻柱与井壁间的接触力及摩擦力、钻柱的屈曲变形性状都在不同程度地增加。若要减少变形，增加钻柱的承载能力就要在适当位置增加稳定器，使其起到支座的作用，减小井斜。稳定器所加的位置可有两种选择：若要不改变此钻柱的承载情况，就在螺旋角为零处添加扶正器；还可在螺旋角极值点处添加，此时要重新计算钻柱系统的屈曲临界压力情况。然后分析了孕镶金刚石取心钻头的钻具组合屈曲实例，发现，钻压及钻柱外径一定时，壁厚越厚，由于钻柱长度较短，弯曲刚度较大，所以弯曲程度越小。

（2）研究基于弹簧钻柱模型及简支温湿钻柱模型的钻柱热后屈曲变形问题。基于单自由度横向位移变量的非线性控制方程。通过选取适当的容许横向位移函数，然后应用 Galerkin 方法与牛顿-谐波平衡方法及应用 Galerkin 方法，建立显式的解析逼近解。由于解的表达式的简短性，所提出的解更容易用于研究系统参数与系统响应之间的依赖关系。最后结合典型例子给出模型的有效性：得出温度变化对于钻柱屈曲的影响较大，不能忽略；特别是当温度突然升高（如钻井液停止循环的情况），将导致钻柱由于温度应力作用而失效。研究成果可以推广应用到其他结构（如薄膜、板等）的后屈曲及非线性振动问题。

（3）对于井内复合钻柱的后屈曲力学模型，通过将 Maclaurin 级数展开、Chebyshev 多项式与牛顿-谐波平衡法相结合，建立该问题的后屈曲解析逼近解。该方法的突出优点是：比数值解更方便应用，显式解表达式避免了贝塞尔特殊函数的应用，对于大变形的情形精度明显优于摄动解。通过分析具体例子证明模型的可用性。通过分析钢与铝合金两种材料复合钻柱发现，虽然随着铝合金在钻柱材料中的比例增加，承载能力下降；但是当两种材料所占比例几乎相等时，复合钻柱承载能力基本能令人满意，而此时钻柱重量比全用钢材料要轻得多，并且耐磨性也显著增强。

(4) 分析了深部大陆科学钻探装备系统(钻井平台、钻柱姿态测量、钻头探测等)中越来越广泛应用的 MEMS/NEMS (微/纳机电系统)陀螺仪传感器等设备的稳定性问题。其研究成果对于 MEMS/NEMS 陀螺仪传感器等设备的设计与优化、正确使用等方面都有非常重要的意义。

第2章 典型钻柱与计算方法简介

2.1 典型钻柱介绍

2.1.1 钻柱组成部分

钻柱是钻头以上，水龙头以下的钢管柱的总称。其主体包括方钻杆、钻杆、钻铤、各种连接接头及稳定器等井下工具。

1. 方钻杆

方钻杆位于钻柱的最上端，其主要作用是传递扭矩和承受钻柱的重量。方钻杆的驱动部分端面分为正方形和正六边形，石油钻井中用得最多的是正方形，水眼为正六边形，由于壁厚比钻杆大三倍左右，并用高强度的合金钢制造，因此具有较高的抗拉强度与抗扭强度。四方钻杆及六方钻杆的主要尺寸分别见表 2.1 和表 2.2。

表 2.1 四方钻杆的主要尺寸

规格/in	标准长度/ft	内螺纹端		外螺纹端		内径	驱动部分长度/ft
		左旋接头	外径/in	右旋接头	外径/in		
2 1/2	40	6 5/8REG	7 3/4	NC26 (2 3/8IF)	3 3/8	1 1/4	37
3	40	6 5/8REG	7 3/4	NC31 (2 7/8IF)	4 1/8	1 3/4	37
3 1/2	40	6 5/8REG	7 3/4	NC38 (3 1/2IF)	4 3/4	2 1/4	37
4 1/4	40	6 5/8REG	7 3/4	NC46 (4IF)	6 1/4	2 13/16	37
5 1/4	40	6 5/8REG	7 3/4	NC50 (4 1/2IF)	7	3	37

表 2.2 六方钻杆的主要尺寸

规格/in	标准长度/ft	内螺纹端		外螺纹端		内径	驱动部分长度/ft
		左旋接头	外径/in	右旋接头	外径/in		
3	40	6 5/8REG	7 3/4	NC26 (2 3/8IF)	3 3/8	1 1/4	37
3 1/2	40	6 5/8REG	7 3/4	NC31 (2 7/8IF)	4 1/8	1 3/4	37
4 1/4	40	6 5/8REG	7 3/4	NC38 (3 1/2IF)	4 3/4	2 1/4	37
5 1/4	40	6 5/8REG	7 3/4	NC46 (4IF) NC50 (4 1/2IF)	6 3/8	2 13/16	37
6	40	6 5/8REG	7 3/4	NC565 1/2FH	7	3 1/4	37

2. 钻杆

钻杆是钻柱的基本组成部分，它主要用于传递扭矩和输送钻井液。钻杆的尺寸规格见表 2.3。现用钻杆的管体与接头是采用对焊方法连接在一起的。为了增大接头处的强度，管体两端对焊部分是加厚的，加厚形式有内加厚、外加厚、内外加厚三种。

表 2.3　钻杆的尺寸规格

尺寸规格	名义重量	计算平端重量		外径		钢级	壁 厚		加厚形式
		lb/ft	kg/m	in	mm		in	mm	
2 3/8	6.65	6.26	9.32	2.375	60.3	E,X,G,S	0.280	7.11	外加厚
2 7/8	10.40	9.72	14.48	2.875	73.0	E,X,G,S	0.362	9.19	内加厚或外加厚
3 1/2	9.50	8.81	13.12	3.500	88.9	E	0.254	6.45	内加厚或外加厚
3 1/2	13.30	12.31	18.34	3.500	88.9	E,X,G,S	0.368	9.35	内加厚或外加厚
3 1/2	15.50	14.63	21.79	3.500	88.9	E	0.449	11.40	内加厚或外加厚
3 1/2	15.50	14.63	21.79	3.500	88.9	X,G,S	0.449	11.40	外加厚或内外加厚
4	14.00	12.93	19.26	4.000	101.6	E,X,G,S	0.330	8.38	内加厚或外加厚
4 1/2	13.75	12.24	18.23	4.500	114.3	E	0.271	6.88	内加厚或外加厚
4 1/2	16.60	14.98	22.31	4.500	114.3	E,X,G,S	0.337	8.56	外加厚或内外加厚
4 1/2	20.00	18.69	27.84	4.500	114.3	E,X,G,S	0.430	10.92	外加厚或内外加厚
5	16.25	14.87	22.15	5.000	127.0	X,G,S0	0.296	7.52	内加厚
5	19.50	17.93	26.71	5.000	127.0	E	0.362	9.19	内外加厚
5	19.50	17.93	26.71	5.000	127.0	X,G,S	0.362	9.19	外加厚或内外加厚
5	25.60	24.03	35.79	5.000	127.0	E	0.500	12.70	内外加厚
5	25.60	24.03	35.79	5.000	127.0	X,G,S	0.500	12.70	外加厚或内外加厚
5 1/2	21.90	19.81	29.51	5.500	139.7	E,X,G,S	0.361	9.17	内外加厚
5 1/2	24.70	22.54	33.57	5.500	139.7	E,X,G,S	0.415	10.54	内外加厚
6 5/8	25.20	22.19	33.05	6.625	168.3	E,X,G,S	0.330	8.38	内外加厚
6 5/8	27.70	24.21	36.06	6.625	168.3	E,X,G,S	0.362	9.19	内外加厚

内加厚钻杆通过缩小管体两端的内径以增加管壁厚度，这种钻杆外径是一致的，接头外径也不太大，在井中旋转时，接头与井壁接触较小，磨损也较小，但因其加厚部分内径较管体内径小，增加了钻井液循环时的流动阻力。

外加厚钻杆的内径是一致的，但管体两端的外径加大，这种钻杆接头的外径比同尺寸钻杆接头的外径大，在井内旋转时增加了接头与井壁的接触摩擦，易磨损；由于这种钻杆内径与管体内径一致，循环钻井液时流动阻力较小。

内外加厚钻杆，是将管体两端的内径缩小，外径增大，以增加两端管体的壁厚。这种结构的钻杆综合了以上两种结构钻杆的优点。

3. 加重钻杆

加重钻杆特点是壁厚比普通钻杆增加了 2 倍以上，其接头体比普通钻杆长，管体中部还有特制的耐磨辊。加重钻杆的尺寸规格见表 2.4。加重钻杆主要用于以下几个方面：

(1)用于钻铤和钻杆的过渡区，缓和两者弯曲应力的变化，以减少钻杆的损坏。

(2)在小井眼钻井中代替钻铤，操作方便。

(3)在定向井中代替大部分钻铤，以减少扭矩和黏附卡钻等的发生，从而降低成本，同时有利于保持定向井的方位。由于钻铤与井壁接触面积大，当转动时与井壁发生很大的摩擦力，因而使井眼有偏转的趋势，当用加重钻杆代替钻铤时，可以减少这种可能，因而有利于保持定向井的方位。

表 2.4　加重钻杆的尺寸规格

规格	管体				接头				单根质量 /(kg/Piece)
	外径 /mm	内径 /mm	加厚尺寸		螺纹类型 RSC type	外径/mm	内径/mm	倒角直径 /mm	
			中部/mm	端部/mm					
3 1/2	88.9	57.4	101.6	98.4	NC38	127.0	52.4	116.3	312
3 1/2	88.9	57.2	101.6	98.4	NC38	127.0	57.2	116.3	282
4	101.6	65.1	114.3	106.4	NC40	133.4	65.1	127.4	370
4 1/2	114.3	69.9	127.0	119.1	NC46	158.8	69.9	145.3	558
5	127.0	76.2	139.7	130.2	NC50	168.3	76.2	154.0	672
5 1/2	139.7	92.1	152.4	144.5	5 1/2FH	184.2	92.1	170.7	776
6 5/8	168.3	114.3	184.2	176.2	6 5/8FH	203.2	144.3	195.7	964

4. 钻铤

钻铤是钻柱的主要组成部分之一，其作用是给钻头提供钻压，同时使下部钻具组合有较大的刚度，从而使钻头工作稳定，并有利于克服井斜问题。钻铤分类：

(1)圆柱式：用普通合金钢制成，管体横截面内外皆为圆形的钻铤。

(2)螺旋式：用普通合金钢制成，管体外表面具有螺旋槽的钻铤。

(3)无磁式：用磁导率很低的不锈合金钢制成，管体横截面内外径均为圆形的钻铤。钻铤的种类还有方钻铤和无磁螺旋钻铤等。

5. 螺旋钻铤

螺旋钻铤的作用是可以减少黏附卡钻发生，它的圆钻铤外圆柱上面加工出三条右旋螺旋槽，在外螺纹接头部分留有一段 305~560mm 和内螺纹端接头部分留有 475~610mm 的不切槽的圆钻铤段，其重量比同尺寸的圆钻铤减少 4%。

螺旋钻铤未列入 API 标准，但国外已有不少厂家生产，国产钻铤也已经正式投入生产，其规格尺寸和国外产品相同。

6. 钻具稳定器

(1)稳定器俗称扶正器,在钻柱中适当的位置安放一定数量的稳定器组成钻柱的下部钻具组合，能够在钻直井时防止井斜，钻定向井时控制井眼轨迹。

(2)使用稳定器能够起到提高钻头工作稳定性的作用，从而使钻头的使用寿命延长，这对金刚石钻头尤为重要。

常用的稳定器分为：三滚轮稳定器、可换套稳定器、整体螺旋稳定器、整体直棱稳定器四种。

7. 无磁钻铤

无磁钻铤的结构与一般的钻铤相同，只是化学成分和机械性能等有别于普通钻铤。无磁钻铤是定向井工程中具有特殊功能的钻具。定向井用磁力测斜仪测定井眼倾斜角和方位角时，为使罗盘不受钻柱磁场的影响，在钻柱中必须配备一定长度的无磁钻铤，使磁力测斜仪位于无磁钻铤内合适的位置进行测斜，否则不能得到正确的测量结果。常见钻铤的尺寸规格见表 2.5。

表 2.5　钻铤的尺寸规格

钻铤螺纹型号	外径 D		内径 d		长度 L/mm	台肩倒角直径 DF/mm	参考的弯曲强度比
	mm	in	mm	in			
NC23-31	79.4	3 1/8	31.8	1 1/4	9150	76.2	2.57：1
NC26-35 (2 3/8IF)	88.9	3 1/2	38.1	1 1/2	9150	82.9	2.42：1
NC31-41 (2 7/8IF)	104.8	4 1/8	50.8	2	9150	100.4	2.43：1
NC35-47	120.7	4 3/4	50.8	2	9150	114.7	2.58：1
NC3850 (3 1/2IF)	127.0	5	57.2	2 1/4	9150	121.0	2.38：1
NC44-60	152.4	6	57.2	2 1/4	9150 或 9450	144.5	2.49：1
NC44-62	158.8	6 1/4	57.2	2 1/4	9450	149.2	2.91：1
NC46-62 (4IF)	158.8	6 1/4	71.4	2 13/16	150 或 9450	150.0	2.63：1
NC46-65 (4IF)	165.1	6 1/2	57.2	2 1/4	9150 或 9450	154.8	2.76：1

续表

钻铤螺纹型号	外径 D		内径 d		长度 L/mm	台肩倒角直径 DF/mm	参考的弯曲强度比
	mm	in	mm	in			
NC46-65（4IF）	165.1	6 1/2	71.4	2 13/16	9150 或 9450	154.8	3.05：1
NC46-67（4IF）	171.4	6 3/4	57.2	2 1/4	9150 或 9450	159.5	3.18：1
NC50-67（4 1/2IF）	171.4	6 3/4	71.4	2 13/16	9150 或 9450	159.5	2.37：1
NC50-70（4 1/2IF）	177.8	7	57.2	2 1/4	9150 或 9450	164.7	2.54：1
NC50-70（4 1/2IF）	177.8	7	71.4	2 13/16	9150 或 9450	164.7	2.73：1
NC50-72（4 1/2IF）	184.2	7 1/4	71.4	2 13/16	9150 或 9450	169.5	3.12：1
NC50-77	196.8	7 3/4	71.4	2 13/16	9150 或 9450	185.3	2.70：1
NC50-80	203.2	8	71.4	2 13/16	9150 或 9450	190.1	3.02：1
6 5/8REG	209.6	8 1/4	71.4	2 13/16	9150 或 9450	195.7	2.93：1
NC61-90	228.6	9	71.4	2 13/16	9150 或 9450	212.7	3.17：1
7 5/8REG	241.3	9 1/2	76.2	3	9150 或 9450	223.8	2.81：1
NC70-97	247.6	9 3/4	76.2	3	9150 或 9450	232.6	2.57：1
NC70-100	254.0	10	76.2	3	9150 或 9450	237.3	2.81：1
8 5/8REG	279.4	11	76.2	3	9150 或 9450	266.7	2.84：1

2.1.2　典型钻具组合

　　钻具是连通地面和井下的枢纽。在转盘钻井时，靠钻柱来传递破碎岩石所需的能量，给井底施加钻压，以及给井内输送钻井液等。在使用井下动力钻具钻井时，它承受井下动力钻具的反扭矩，同时给井下动力钻具输送液体能量。

　　钻具由不同的部件构成，它的组成随着钻井条件和方法的不同而有所区别。基本组成部件有：方钻杆、钻杆、钻铤、钻杆稳定器及转换接头等。随着钻井先进工艺的不断发展，人们对钻柱的结构和性能要求越来越高，必须选择可靠性高的钻柱。

1. 常规钻井（直井）钻具组合

　　1）满眼钻具组合

　　所谓满眼钻具组合是指钻头上部的一段钻柱与井眼直径相等或者具有较小的间隙的钻柱组合。通常采用的满眼钻柱组合有以下两种：

　　(1)钻具稳定器组成的满眼钻具。一般由钻具稳定器组成的满眼钻具是用两个到三个钻具稳定器。钻具稳定器与井壁之间的间隙对满眼钻具组合的使用效果甚为重要，应当严格控制，一般这一间隙越小越好，尤其是近钻头钻具稳定器和中钻具稳定器，与井壁间的实际间隙过大往往导致满眼钻具组合失效。

例如：Φ311.1mmH136×0.30m+12 1/4″LF +NC56 公/ NC61 母+Φ229mmSJ×9.24m+NC61 公/NC56 母+12 1/4″LF + NC56　公/ NC61 母+Φ229mm SDC×18.24m+NC61 公/NC56 母+12 1/4″LF+Φ203mmDC×121.94m+8″随震+8″SDC×18.94m +410/NC56 公+Φ139.7mmHWOP×141.94m +Φ139.7mmDP+顶驱；

Φ215.9mm 牙轮 BIT×0.24m+Φ190mmLB×1.10m+Φ214mmSTB×1.39m+Φ165mmSDC×1.39m+Φ214mmSTB×1.40m+Φ165mmDC×8.53m+Φ214mmSTB×1.39m+Φ165mmSJ×5.08m+Φ165mmDC×244.63m+Φ139.7mmHWOP×141.94m+Φ139.7mmDP+顶驱；

Φ215.9mm 牙轮 BIT×0.24m+Φ214mmLF×1.49m+Φ165mmSDC×1.39m+Φ214mmLF×1.40m+Φ165mmDC×8.53m+Φ214mmLF×1.39m+Φ165mmSJ×5.08m+Φ165mmDC×244.63m+Φ139.7mmHWOP×141.94m +Φ139.7mmDP+顶驱；

Φ215.9mm 牙轮 BIT×0.25m+Φ214mmSTB×1.50m+Φ165mmSDC×1.38m +Φ214mmSTB×1.40m+Φ165mmDC×8.81m+Φ214mmSTB×1.40m+Φ165mmSJ×6.11m+Φ165mmDC×229.22m+Φ139.7mmHWOP×141.94m +Φ139.7mmDP+顶驱。

(2)塔式防斜钻具。所谓塔式钻具就是利用不同尺寸的圆钻铤组成的满眼防斜钻具。这种钻具下部采用较大尺寸的钻铤，由下而上其尺寸逐渐减小，状如宝塔，故称塔式钻具。

例如：Φ311.1mmH136×0.30m+12 1/4″LF+NC56 公/NC61 母+Φ229mmSJ×9.24m+NC61 公/NC56 母+12 1/4″LF+NC56 公/NC61 母+Φ229mm SDC×18.24m+NC61 公/NC56 母+12 1/4″LF+Φ203mmDC×121.94m+8″随震+8″SDC×18.94m+410/NC56 公+Φ139.7mmHWOP×141.94m+Φ139.7mmDP+顶驱；

Φ215.9mm 牙轮 BIT×0.24m+Φ190mmLB×1.10m+Φ214mmSTB×1.39m+Φ165mmSDC×1.39m+Φ214mmSTB×1.40m+Φ165mmDC×8.53m+Φ214mmSTB×1.39m+Φ165mmSJ×5.08m+Φ165mmDC×244.63m+Φ139.7mmHWOP×141.94m+Φ139.7mmDP+顶驱；

Φ215.9mm 牙轮 BIT×0.24m+Φ214mmLF×1.49m+Φ165mmSDC×1.39m+Φ214mmLF×1.40m+Φ165mmDC×8.53m+Φ214mmLF×1.39m+Φ165mmSJ×5.08m+Φ165mmDC×244.63m+Φ139.7mmHWOP×141.94m+Φ139.7mmDP+顶驱；

Φ215.9mm 牙轮 BIT×0.25m+Φ214mmSTB×1.50m+Φ165mmSDC×1.38m+Φ214mmSTB×1.40m+Φ165mmDC×8.81m+Φ214mmSTB×1.40m+Φ165mmSJ×6.11m+Φ165mmDC×229.22m+Φ139.7mmHWOP×141.94m+Φ139.7mmDP+顶驱。

2) 钟摆钻具组合

在倾斜井段中，切点以下钻柱重量所产生减斜力，有促使钻头向铅直方向钻进的趋势，很像钟摆的运动，利用这种原理组成的钻具称为钟摆钻具，钟摆钻具有以下三种形式：

(1) 光钻铤钟摆钻具组合。

(2) 单钻具稳定器钟摆钻具组合。

(3) 多稳定器钟摆钻具组合。

Φ660.4mmP2×0.50m+730/NC61 母 +Φ229mmSJ×9.24m+Φ229mmSDC×18.24m+730/NC61 公+26″LF+731/NC61 母+Φ229mmSDC×9.24m+730/NC61 公+26″LF +731/NC56 母+Φ203mmDC×94.94m+410/NC56 公+Φ139.7mmDP+顶驱；

Φ444.5mmGA114×0.50m+730/NC61 母+Φ229mmSJ×9.24m+Φ229mmSDC×18.24m+17 1/2″LF+Φ229mmSDC×9.24m+17 1/2″LF+NC61 公/NC56 母+Φ203mmDC×121.94m+8″随震+8″DC×18.94m+410/NC56 公+Φ127mmHWOP×141.94m+Φ139.7mmDP+顶驱；

Φ311.1mmBIT×0.46m+Φ229mmDC×18.08m+Φ308mmLF×1.82m+Φ203mmDC×9.10m+Φ308mmLF×1.51m+Φ229mmDC×27.32m+203mmDC×73.13m+Φ178mmDC×81.83m+Φ139.7mmDP+顶驱；

Φ311.1mmDB535Z×0.50m+630/NC61 母+Φ229mmSJ×9.24m+Φ229mmSDC×18.24m+NC61 公/NC56 母+12 1/4″LF+NC56 公/NC61 母+Φ229mmSDC×9.24m+NC61 公/NC56 母+12 1/4″LF+Φ203mmDC×121.94m+8″随震+8″SDC×27.94m+410/NC56 公+Φ139.7mmHWOP×141.94m+Φ139.7mmDP+顶驱；

Φ311.1mmDB535FG2×0.50m+630/731+95/8″LZ+Φ229mmSJ×18.64m+12 1/4″LF+Φ229mmSDC×9.24m+12 1/4″LF+Φ203mmDC×148.94m+410/NC56 公+Φ139.7mmHWOP×141.94m+Φ139.7mmDP+顶驱；

Φ215.9mmBIT×0.33m+Φ172mmLZ×8.55m+Φ165mmSDC×1.39m+Φ165mmSDC×1.39m+Φ214mmSTB×1.38m+Φ165mmDC×236.14m+Φ139.7mmHWOP×141.94m+Φ139.7mmDP+顶驱。

3) 钟摆-满眼钻具组合

满眼钻具接在钟摆钻具之上，即组成钟摆-满眼钻具组合方式。

例如，塔里木油田轮南井身结构钻具组合：

(1) 一开满眼钻具组合：12 1/4″BIT+12 1/4″井底扶正器+8″ SDC +12 1/4″钻柱型扶正器+8″ SDC ″+8″随钻+8″ SDC+NC 公×NC50 母接头+5″加重钻杆+5″钻杆″+NC50 公×NC50 母保护接头+NC50 公接头×520 旋塞+5 1/4″方钻杆（自下而上）。

（2）二开钟摆钻具组合：8"BIT+430*4A10 接头+6 1/4" SDC +8 1/2"扶正器+6 1/4" SDC +8 1/2"扶正器+6 1/4" SDC +6 1/4"随钻+6 1/4" SDC +5"加重钻杆+5"钻杆+5 1/4"方钻杆（自下而上）。

再如，塔里木油田山前井钻具组合：

（1）一开满眼钻具组合：26"BIT+26"扶正器+9" SDC +16"扶正器+9" SDC +16"扶正器+接头+8" SDC +8"随钻+8" SDC +接头+5"加重钻杆+5"钻杆+接头+下旋塞+5 1/4"方钻杆。

（2）二开满眼钻具组合：16"BIT+16"扶正器+9" SDC +16"扶正器+9" SDC +16"扶正器+接头+8" SDC +8"随钻+8" SDC +接头+5"加重钻杆+5"钻杆+接头+下旋塞+5 1/4"方钻杆。

（3）三开满眼钻具组合。

（4）四开钟摆钻具组合。

（5）五开钟摆钻具组合。

注释：BIT 钻头；DC 钻铤；SDC 螺旋钻铤；LZ 螺杆钻具；SJ 双向减震器；DP 钻杆；HWOP 加重钻杆；STB 或 LF 钻具稳定器；LB 随钻打捞杯；DJ 震击器。

2. 定向井（水平井）钻具组合

1）直井段钻具组合

采用塔式钻具组合、钟摆钻具组合、满眼钻具组合。

2）定向造斜钻具组合

（1）钻头+螺杆钻具+弯接头+无磁钻铤（1~2 根）+钻铤（根据实际情况可加可不加）+Φ139.7mmHWOP +Φ139.7mmDP（用有线随钻时+旁通接头+Φ127mmDP）+顶驱。

（2）钻头+弯外壳螺杆钻具+定向接头+无磁钻铤（1~2 根）+钻铤（根据实际情况可加可不加）+Φ139.7mmHWOP +Φ139.7mmDP（用有线随钻时+旁通接头+Φ127mmDP）+顶驱。

3）增斜钻具组合

（1）强力增斜钻具组合：钻头+近钻头螺扶+小直径钻铤（2~3 根）+螺扶+钻铤（12~15 根）+Φ139.7mmHWOP +Φ139.7mmDP+顶驱。

（2）普增钻具组合：钻头+近钻头螺扶+钻铤（2~3 根）+螺扶+钻铤（12~15 根）+Φ139.7mmHWOP +Φ139.7mmDP+顶驱。

（3）微增钻具组合：钻头+螺扶+钻铤（1 根）+螺扶+钻铤（1 根）+螺扶+钻铤

（12~15 根）+Φ139.7mmHWOP +Φ139.7mmDP+顶驱。

4）稳斜钻具组合

常规满眼钻具组合或微增钻具组合。

5）降斜钻具组合

常规钟摆钻具组合。（钻头上可接直螺杆 0.75° 单弯螺杆。）

3. 特殊施工钻具组合

(1) 磨铣钻具组合：磨鞋+随钻打捞杯+钻铤（12~15 根）+Φ139.7mmHWOP +Φ139.7mmDP+顶驱。

(2) 套铣钻具组合：铣鞋+铣筒+安全接头+钻铤（12~15 根）+Φ139.7mm HWOP +Φ139.7mmDP+顶驱。

(3) 打捞钻具组合：打捞工具+安全接头+震击器（下击器在下部、上击器在上部，也可增加超级震击器）+钻铤（3~6 根）+加速器+钻铤（3~6 根）+Φ139.7mmHWOP +Φ139.7mmDP+顶驱。

(4) 取心钻具组合：Φ215.9mm 取心钻头×0.29m +Φ180mmCB×11.09m（取心筒）+Φ165mmDC ×235.86m+Φ139.7mmHWOP +Φ139.7mmDP+顶驱。

4. 适用于胜利油田 3000m 水平井阶梯剖面的 8-1/2"井眼钻具组合

1）一开直井段

钻具组合：Φ444.5mm 钻头+Φ203.2mm 无磁钻铤×1 根+Φ203.2mm 钻铤×5 根+Φ127mm 钻杆。

钻进参数：20~50kN，65r/min，60~70L/s，吊打钻进。

2）二开直井段

钻具组合：Φ311.15mm 钻头+Φ203.2mm 无磁钻铤×1 根+Φ203.2mm 钻铤×8 根+Φ177.8mm 钻铤×3 根+Φ127.0mm 钻杆。

钻进参数：140~160kN，65r/min，48L/s，控制井斜，否则吊打钻进。

3）三开直井段

钻具组合：Φ215.9mm 钻头+Φ177.8mm 无磁钻铤×1 根+Φ177.8mm 钻铤×2 根+Φ158.8mm 钻铤×9 根+Φ127.0mm 钻杆。

钻进参数：140~160kN，65r/min，32L/s，控制井斜，否则吊打钻进。

4）三开第一造斜段：0°~45°

钻具组合：Φ2159mm 钻头+Φ165mm1°30′单弯动力钻具+定向接头+Φ158.8mm 无磁钻铤×1 根 Φ158.8mm 钻铤×2 根+Φ127.0mm 加重钻杆×30 根+Φ127.0mm 钻杆。

钻进参数：32L/s，泵压 10~12MPa，压差 1~1.5MPa。

造斜率：30°/100m。

5）三开第二造（增）斜段（井斜小于 90°）

钻具组合：Φ215.9mm 钻头+Φ215.0mm 近钻头扶正器×1 只+Φ158.8mm 无磁钻铤×1 根+Φ158.8mm 无磁钻铤×1 根+Φ214mm 钻柱扶正器×1 只+Φ127.0mm 斜坡钻杆×20 根+Φ127.0mm 加重钻杆×10 根+Φ165mm 随钻震击器+Φ127.0mm 加重钻杆×20 根+Φ127.0mm 钻杆。

钻进参数：140~180kN，65r/min，35L/s。

注释：①斜坡钻杆要根据斜井段长度加入；②该组合造斜率为 12°/100m（在井斜 45°的基础上）。

6）三开第三造斜段

钻具组合：Φ215.9mm 钻头+Φ165.mm1°45′单弯动力钻具+定向接头+Φ159mm 无磁钻铤×2 根+Φ127.0mm 斜坡钻杆×20 根+Φ127.0mm 加重钻杆×30 根+Φ127.0mm 钻杆。

钻进参数：30L/s，泵压 10~12MPa，压差 1~1.5MPa。

注释：①斜坡钻杆要根据斜井段长度加入；②该组合造斜率为 33°/100m；③该组合可用于单增剖面。

7）三开稳斜段：井斜大于 80°

钻具组合：Φ215.9mm 钻头+Φ215mm 近钻头扶正器×1 只+Φ159mm 无磁钻铤×1 根+Φ214mm 钻柱扶正器×1 只+Φ127.0mm 斜坡钻杆×20 根+Φ127.0mm 加重钻杆×10 根+Φ165mm 随钻震击器+Φ127.0mm 加重钻杆×20 根+Φ127.0mm 钻杆。

钻进参数：140~180kN，65r/min，35L/s。

注释：斜坡钻杆要根据斜井段和水平段长度加入。

8）三开降斜段

钻具组合：Φ215.9mm 钻头+Φ165mm 1°单弯动力钻具+定向接头+Φ127mm 无磁承压钻杆×2 根+Φ127.0mm 斜坡钻杆×30 根+Φ127.0mm 加重钻杆×30 根+

Φ127.0mm 钻杆。

　　钻进参数：32L/s，泵压 10~13MPa，压差 1~1.5MPa。

　　注释：①斜坡钻杆要根据斜井段长度加入；②该组合造斜率为 19°/100m。

9）三开井段通井

　　钻具组合：Φ215.9mm 钻头+Φ127.mm 无磁承压钻杆×2 根+Φ127.0mm 斜坡钻杆×20 根+Φ127.0mm 加重钻杆×10 根+Φ165mm 随钻震击器+Φ127.0mm 加重钻杆×20 根+Φ127.0mm 钻杆。

10）水平段

　　钻具组合：Φ215.9mm 钻头+Φ215mm 近钻头扶正器×1 只+Φ159mm 无磁钻铤×6m+Φ214mm 钻柱扶正器×1 只+Φ127.mm 无磁乘压钻杆×2 根+Φ127.0mm 斜坡钻杆×40 根+Φ127.0mm 加重钻杆×10 根+Φ165mm 随钻震击器+Φ127.0mm 加重钻杆×20 根+Φ127.0mm 钻杆。

　　钻进参数：100~120kN，45r/min，35L/s。

　　在钻井过程中，钻柱是在起下钻和正常钻进两种工序中交替工作的。在起下钻时，钻柱处于受拉状态；而在钻进时状态比较复杂，处于受拉、压、扭等状态。在转盘钻进时，钻柱的工作状态和受力尤其复杂，钻柱好似一根细长的旋转轴。在部分自重产生的轴向压力作用下，下部钻柱不稳定而呈弯曲状态，由于受到井眼的限制，可产生多次弯曲；上部钻柱由于旋转产生的离心力作用也不保持直线状态，再加上扭矩的作用，整个钻柱呈一个近似螺旋曲线的形式进行着复杂的旋转运动。

2.2　数值方法简介

1. 椭圆积分法

　　工程手册中有很多关于椭圆积分数值表，所以很容易得出载荷与杆顶端转角值之间的关系。此方法能得到用第一类完全椭圆积分表达的解，是在将以杆转角表达的平衡方程积分，再经过一些必要的变换之后实现的（Rao et al.，2008）。应用椭圆积分，Stemple（1990），Coffin 和 Bloom（1999），Plaut 等（1999）分别研究了可伸展梁-柱、温湿柱及与水平表面接触的弹性体的后屈曲响应。在前人的工作成果基础上，Timoshenko 和 Gere 研究了在端部轴向集中压力作用下的悬臂梁后屈曲问题，并且获得了椭圆积分形式解（Rao et al.，2008）。

　　只能够给出某些特定边界条件下的隐式的解是椭圆积分法本身的限制带来的

缺点，且隐式解给应用带来不便（于永平，2009）。

2. 有限差分法及有限元法

借助有限差分法，能够求解某些相当复杂的问题。特别是有限差分法在求解建立于空间坐标系的流体流动问题上有自己的优势，所以在流体力学领域，它至今仍占支配地位。虽然有限差分法具有公式简单可格式化、适应性强等特点，其精髓在于把具有无限多个自由度的结构体离散为具有相同区域的有限多自由度的点集来处理。但是收敛性差，要提高精度就要把网格的划分加细是其缺点。高阶导数的精度下降，由此而导致内力计算的精度可能会很低，这样就会增加很大的计算量，有时还会出现加密网格也没有用的情况。然而有限差分法在处理方法上是直接求解基本方程和相应的定解条件的近似解，把所考虑的数学物理微分方程中的导数用差分量来代替，这种学术思想还是很有价值的。这样就从数学意义上将梁板壳的屈曲微分方程和边界条件离散为有限未知数的线性代数方程组。结构的后屈曲变形就有 Tani（1978）等应用有限差分法来研究的。

早在 20 世纪 40 年代，圣维南扭转问题就由 Courant 首次尝试应用分片连续函数和极小势能原理相结合来求解，于是从应用数学角度提出了有限元法基本思想（王勖成、邵敏，2002）。有限元法的提出，使数值分析方法研究取得了很大进展，具有划时代意义。出于各种原因及工程需要，很多物理学家、数学家和工程师都涉足过有限单元的概念。将连续的求解区域离散成为一组有限个，且按一定方式相互联结在一起的单元的组合体是其基本思想。

一个问题的有限元分析中，一个连续的无限自由度问题如要变成有限自由度问题，是通过将未知场函数或其导数在各个结点上的数值变成为新的未知量达到的。随着单元数目的增加、单元自由度的增加或者差值函数精度的提高，解的逼近精度将不断改进。在单元满足收敛性要求的前提下，近似解最后将收敛于精确解（王勖成、邵敏，2002）。

1960 年 Clough 进一步处理了平面弹性问题，第一次提出了"有限单元法"的名称。随着电子数值计算机的广泛应用和发展，到 1960 年以后，有限元法的发展才显著加快。基于变分原理的里兹（Ritz）法，Besseling，Melosh 和 Jones 等在 1963～1964 年证明了有限元法是其另一种形式。这样得到的结论是，有限元法是处理连续介质问题的一种普遍方法，里兹法分析的所有理论基础都适用于有限元法。从 20 世纪 60 年代后期开始，有限元法的应用领域进一步扩大，主要是伽辽金（Galerkin）法被应用于有限元法当中，已经知道问题的微分方程和边界条件但是变分的泛函尚未找到或者根本不存在的情况可由它来解决。有限元法被很多学者用来解决梁板壳的屈曲和后屈曲问题，如文献（Chandrashekhara，1992；Raju et al.，1996；Chan et al.，1999；Zheng et al.，1999；Long et al.，2000）等，有限元方法成为解决板壳弯曲及屈曲问题的行之有效的方法。

几十年来，有限元法是现代力学中的具有巩固理论基础和广泛应用效力的数值分析工具。有限元法分析对象从弹性材料扩展到塑性、黏弹性、黏塑性和复合材料等，从固体力学扩展到流体力学、传热学等连续介质力学领域。有限元法已经应用到波动问题、稳定性问题、动力问题、弹性力学空间问题、板壳问题。

3. 打靶法

打靶方法过程如下：

$$x'' + f(t) = 0, \qquad t \in [0,1] \tag{2.1}$$

$$x(0) = \alpha, x'(0) = \eta, x(1) = \beta \tag{2.2}$$

$x(t, \eta, \alpha, \beta)$ 表示从初始值 η ， α 和 β 开始的轨迹。要求它们满足在 $t = 1$ 时的边界条件：

$$x(1, \eta, \alpha, \beta) = \beta \tag{2.3}$$

非线性代数方程 (2.3) 可以通过牛顿迭代法来求解。对于每一组 α 和 β ，令 η_0 为初始的迭代向量， η_k 是第 k 步迭代向量，可以由 $(k-1)$ 步来计算得到，即：

$$\eta_k = \eta_{k-1} - \left[x_\eta (\eta_{k-1}, \alpha, \beta) \right]^{-1} x(1, \mu_{k-1}, \alpha, \beta) \tag{2.4}$$

终止迭代的条件是 $|\eta_k - \eta_{k-1}| < \varepsilon$ ，可以得到 η 的逼近值，最后将 η 的逼近值代入到方程组 (2.1) 和 (2.2) 中，可以得到方程组的解 x 。

总结一下打靶方法的基本思想：为了寻求满足边值条件的特定轨迹先把原来的边值问题转化成常微分初值问题；在初始条件中包含了与终点边界条件个数相同的任意参数；接下来边值问题的解是通过不断调整这些初值参数直到初值问题的解能满足终点的边界条件而获得（Song and Li，2007）。

打靶法能够弥补椭圆积分无法分析简支固支 (S-C) 柱和两端夹紧 (C-C) 柱的后屈曲问题的不足（Rao et al.，1976；Lee，2002；Vaz and Silva，2003），可以说打靶法是解决柱后屈曲问题的很有效的数值方法。原因在于其可以求得任意边界条件和任意载荷下可伸展柱的几何非线性全局解。打靶方法还被程昌钧和朱正佑 (1986)，李世荣 (2003) 用来分别研究环形板与圆板的非线性行为。

2.3 解析方法回顾

1. 能量方法

欧拉杆的各种不同的稳定性问题可以由此方法来研究，它起源于刚体系统平衡的稳定的方法（Thompson and Hunt，1973）。设系统有一微小横向挠度，然后应用能量法。于是相应的系统的应变能有一变化量 ΔU。同时，载荷 P 做功 ΔT。如果 $\Delta U < \Delta T$，则是不稳定的；假如 $\Delta U > \Delta T$，则这系统在未挠曲时是稳定的。于是，平衡方式从稳定变为不稳定的临界状态条件可以求得：$\Delta U = \Delta T$。弹性杆的屈曲及后屈曲问题可由这种研究稳定性问题的能量法来研究。

　　能量法的低阶的逼近效果在大挠度时不是太好，这是能量法的不足；如要获得高精度的逼近解就需要非常困难地求解高阶的非线性方程组。于是近年来许多学者都致力于发展和改进能量法。在轴向及重力作用下的具有初始变形的弹性杆的后屈曲大变形行为由 Tauchert 和 Lu（1987）直接应用最小势能原理预测。采用能量准则分析了梁的后屈曲基本状态、分支点及其邻近后屈曲平衡状态的稳定性，Koiter（1967）在前人研究工作的基础上提出了初始缺陷后屈曲渐进理论；他提出了缺陷敏感性的概念，研究结构对后屈曲行为的有影响的初始缺陷。然而，结构在大范围的后屈曲行为和结构具有较大的初始缺陷时的后屈曲响应不能由其渐进理论分析。两种逼近技术来描述弹性地基压杆的局部化屈曲解由 Wadee 等（1997）提出，一种是传统 Rayleigh-Ritz 方法的扩展，另一种是直接从整体势能泛函出发的双尺度摄动方法。其中 Rayleigh-Ritz 方法在从零到临界值的很大范围内都是有效的，而摄动法在临界载荷附近比较精确。轴向压力作用下的无限长非线弹性地基柱的后屈曲行为被 Hui（1988）应用改进的 Koiter 后屈曲理论研究，与用 Ritz 法得到的非线性大挠度解相比较后，发现改良的后屈曲路径有很好的吻合度，其也验证了 Koiter 关于弹性稳定性的一般理论可以改良的推测。利用 Rayleigh–Ritz 方法，Chen 和 Baker（2003）研究非线弹性地基压杆的局部屈曲响应，压杆的挠曲形状首先被展成 Hermite 正交函数级数，然后研究 Hermite 函数在无穷区域上的数值积分误差，通过数值积分说明了前 30 个 Hermite 函数足够逼近局部屈曲模式，给出了合适的积分极限及逼近解。若已知挠度曲线的真正形状，能量法给出临界荷重的精确值。不幸的是，这正是传统能量法的不足，我们在大多数情况下都不知道屈曲杆的真正形状，这时可以假定挠曲线形状而后求得临界荷重的近似值。于是能量法逐渐发展成为一种求后屈曲问题近似载荷等参数的近似方法。经过数十年发展，改进的能量法使传统基于摄动技术的 Rayleigh-Ritz 或 Galerkin 方法处理非线性微分方程的缺点得以克服。

2. 摄动法

　　摄动法又称小参数法，源于天体力学。较早地应用摄动法处理非线性问题的学者有泊松和庞加莱等人。克雷洛夫在林滋泰德的启发下，将 L-P 摄动法进行了改进，提出了克雷洛夫展开法；还有一些改进的 L-P 摄动法（Nayfeh，1981；李鹏松，2004）；1882 年林滋泰德解决了摄动法中的长期项问题，改进了摄动法，使其成为一个非常好用的求解非线性振动问题的工具。1892 年庞加莱证明了 Lindstedt 的展开技术是一致有效且渐进的 L-P 摄动法。如前文提到的 Wadee 等 (1997)，Chen 和 Baker (2003) 都是从能量出发发展一种摄动技术来研究问题。这证明了对于结构的后屈曲变形问题，也可以应用摄动法来求解。通过在分支点附近应用摄动法，对于大载荷使用渐进分析以及数值积分程序，Wang (1997) 指出：分支曲线不是单调的，杆的后屈曲行为展示了诸如极限载荷、非单值性、时滞以及强烈跳跃的非线性现象。通过数学建模将该问题化成了一个复杂的两点边值问题，此问题的屈曲、初始后屈曲、大载荷下的解以及数值积分解被得到，Vaz 和 Silva (2003) 求解了受轴向终端载荷作用的一端铰接而另一端由一个可旋转弹簧弹性限制的细弹性杆的后屈曲问题。通过应用摄动技术求解包含横向剪切的非线性方程，而取得以柱的中点挠度为摄动参数的摄动解，Huang 和 Kardomateas (2002) 研究夹心柱屈曲及后屈曲行为。只在小参数范围内摄动法才有效，其虽能给出解的表达式，不能得到后屈曲大变形情况下的解 (孙维鹏，2007)。

3. 半解析法

郑晓静 (1987) 详细研究了许多解析逼近方法之间的关系及它们的收敛性，还用此方法研究了许多典型问题。本方法中，先用级数将平衡方程的解展开，然后将此解代入方程中，一系列关于级数的待定系数的非线性代数方程得以产生，最终，数值方法被用来求解这些方程，这样可以得到半数值半解析解。板壳大挠度弯曲、屈曲及大振幅振动等问题可用此方法来求解。应用半解析法，周又和 (1989) 和 Zhou (2001) 研究了非线性柔韧结构的弯曲、屈曲失稳、后屈曲路径，以及小振幅振动与大振幅振动的特性。

4. 牛顿谐波平衡法

牛顿谐波平衡法 (于永平，2006) 是 Wu 等 (2006) 提出的，在近期才对谐波平衡方法作了改进，其过程是将牛顿线性化方法与谐波平衡法组合起来，应用于变形后的控制方程，该方法建立的解析逼近周期及周期解精度极高，不仅适用于小振幅，更适用于大振幅，并且求解过程简单；尤其是该方法能求解振幅趋于无穷的情形，在此极限状况下，解析逼近结果仍有非常高的精度。

为了弄清楚牛顿谐波法，首先了解谐波平衡法：利用截断的 Fourier 级数确定非线性振动方程解析逼近解的方法称为谐波平衡方法 (Hagedorn，1988)。用有限项 Fourier 级数表示振动方程的解析逼近解，各阶谐波的线性表达式可由将逼近周期解代入原非线性振动方程得到，关于未知量的联立方程组可利用各谐波项的系数等于零得到，最后引入初值条件便可以确定未知量，这就是谐波平衡方法的基本思想。谐波平衡法既适用于弱非线性问题，又适用于强非线性问题，因为其不要求非线性振动方程中存在小参数。

考虑如下非线性方程：

$$\frac{d^2u}{dt^2} + f(u) = 0 \tag{2.5}$$

我们可将解展开为 Fourier 级数，源于假设该方程存在周期解：

$$u(t) = \sum_{m=0}^{\infty} a_m \cos(m\omega t + m\beta_0) \tag{2.6}$$

可以取有限项代替无穷级数，因为从物理意义上讲，振幅越小，谐波频率越高，即

$$u(t) = \sum_{m=0}^{M} a_m \cos(m\omega t + m\beta_0) \tag{2.7}$$

上式共有 $M+1$ 个谐波，将 $u(t)$ 代入方程 (2.5) 中，展开并令 $M+1$ 个谐波的系数等于零得到关于 $a_m(m=0,1,2\cdots,M)$ 和 ω 的 $M+1$ 个代数方程，共 $M+2$ 个变量。求解代数方程组，其他变量一般表示为 a_1 的函数，而 a_1 和 β_0 由初始条件决定。

谐波平衡法是按谐波展开的，因此解的精度取决于谐波的数目；这不同于一般的摄动方法，因为一般的摄动法都是把解按量级 (小参数) 展开的。要想获得足够精确的逼近解，必须预先知道解中所包含的谐波成分，并检查所忽略的谐波的量级，或者选取足够多的项，否则，得不到足够精度的逼近解。如果谐波取得少，精度就不高，而取得太多，计算又麻烦。所以，需要解析求解高阶非线性代数方程组是谐波平衡方法的另一个缺点。

谐波平衡方法的改进工作一直没有停止过，主要是为了克服谐波平衡方法的缺点，主要的工作回顾如下：增量谐波平衡方法 (IHB) 由 Lau 和 Cheung (1981) 提出，即把解和频率分别写成一个已知振动状态与一个小增量之和的形式，把问题转化成求解未知增量，但该方法不能自启动；无约束谐波平衡方法被 Seelig (1980) 提出；固有多尺度谐波平衡法由 Huseyin 和 Lin (1991) 等发展；Mickens (1986) 将解写成谐波项的有理表达式之后，将此解代入方程中，应用谐波平衡法求解表达式中的未知系数，最后，可得到原方程的解析逼近解；Yuste (1991) 讨论过椭圆谐波平衡方法，该方法把椭圆函数作为试探解；线性化的谐波平衡方法由李鹏松 (2004) 讨论过；一维自治非线性系统被 Summers 和 Savage (1992) 应用两个时间尺度谐波平衡方法来解决。

考虑如下非线性振动方程：

$$\frac{d^2u}{dt^2} + f(u) = 0 \tag{2.8}$$

$$u(0) = A, \quad \frac{du}{dt}(0) = 0 \tag{2.9}$$

其中，当 $u \in [-A, A]$，$u \neq 0$ 时，满足 $uf(u) > 0$ ，并且，非线性函数 $f(u)$ 是 u 的奇函数[$f(-u) = -f(u)$]，这里 $f(u)$ 对 u 的导数记为 $f_u(u)$ 。

引入一个新的变量 $\tau = \omega t$ ，并令 $\Omega = \omega^2$ ，则方程 (2.8) 和方程 (2.9) 可以写为

$$\Omega \ddot{u} + f(u) = 0 \tag{2.10}$$

$$u(0) = A, \quad \dot{u}(0) = 0 \tag{2.11}$$

式中，（ ·）表示对新变量 τ 求导，新变量 τ 的选取使得方程 (2.10) 的解是关于 τ 的以 2π 为周期的周期函数，周期解 $u(\tau)$ 及频率 ω 都与振幅 A 有关，相应的原非线性方程的周期为 $T = 2\pi / \sqrt{\Omega}$ 。满足方程 (2.10) 的周期解 $u(\tau)$ 有如下形式的 Fourier 展开式：

$$u(\tau) = \sum_{n=0}^{\infty} a_{2n+1} \cos\left[(2n+1)\tau\right] \tag{2.12}$$

式中只含有 τ 的奇数因子。

取满足初始条件 (2.11) 的方程 (2.10) 初始解析逼近解为

$$u(\tau) = u_0(\tau) = A \cos\tau \tag{2.13}$$

我们把方程 (2.13) 代入方程 (2.10) 中，并令导出的 $\cos\tau$ 前的系数为零，可以得到一个关于 Ω_0 的方程，注意，这里 $u_0(\tau)$ 是以 2π 为周期的关于 τ 的周期函数：

$$f_0(\Omega_0, A) = 0 \tag{2.14}$$

由上式可解得 Ω_0 ，

$$\Omega_0(A) = a_1 / A \tag{2.15}$$

$$a_{2i-1} = \frac{4}{\pi} \int_0^{\pi/2} f(A\cos\tau)\cos[(2i-1)\tau]\mathrm{d}\tau, \quad i = 1, 2, \cdots \tag{2.16}$$

从而初始解析逼近周期及周期解为

$$T_0(A) = \frac{2\pi}{\sqrt{\Omega_0(A)}}, \quad u_0(\tau) = A\cos\tau, \tau = \sqrt{\Omega_0(A)}t \tag{2.17}$$

接着取满足初始条件 (2.11) 的方程 (2.10) 的周期解 $u(\tau)$ 为

$$u = u_1 = u_0 + \Delta u_0 \tag{2.18}$$

相应的 Ω 为

$$\Omega = \Omega_1 = \Omega_0 + \Delta\Omega_0 \tag{2.19}$$

其中 Δu_0 是解的校正部分，u_0 是周期解的主要部分，$\Delta\Omega_0$ 是 Ω 的校正部分，Ω_0 是 Ω 的主要部分。把式 (2.18) 和式 (2.19) 代入式 (2.10)，再做关于增量 Δu_0 和 $\Delta\Omega_0$ 的线性化可得

$$\left(\Omega_0 + \Delta\Omega_0\right)\ddot{u}_0 + f(u_0) + f_u(u_0)\Delta u_0 + \Omega_0\Delta\ddot{u}_0 = 0 \tag{2.20}$$

且
$$\Delta u_0(0)=0, \quad \Delta \dot{u}_0(0)=0 \tag{2.21}$$

将用谐波平衡法求解关于 Δu_0 与 $\Delta \Omega_0$ 的线性方程 (2.20) 和 (2.21)，进而求得解析逼近周期及周期解。注意：其中 f_u 表示 f 对 u 求导。这里 Δu_0 是以 2π 为周期的关于 τ 的周期函数。

设满足初始条件 (2.21) 的方程 (2.20) 的解具有如下形式：
$$\Delta u_0=X_1(\cos\tau-\cos3\tau) \tag{2.22}$$

将 $u_0(\tau)=A\cos\tau$、$\Omega_0(A)$ 及方程 (2.22) 代入方程 (2.20)，并令导出的 $\cos\tau$ 及 $\cos3\tau$ 前的系数分别为零，得到关于 $\Delta\Omega_0$ 和 X_1 的线性代数方程组：
$$f_{11}(\Delta\Omega_0,X_1,A)=0 \tag{2.23}$$
$$f_{12}(\Delta\Omega_0,X_1,A)=0 \tag{2.24}$$

由式 (2.23) 和式 (2.24) 可解得 $\Delta\Omega_0(A)$ 和 $X_1(A)$，进而可得到第二个解析逼近周期及周期解：
$$T_1(A)=\frac{2\pi}{\sqrt{\Omega_1(A)}}, \quad \Omega_1(A)=\Omega_0(A)+\Delta\Omega_0(A) \tag{2.25}$$

$$u_1=A\cos\tau+X_1(A)(\cos\tau-\cos3\tau), \quad \tau=\sqrt{\Omega_1(A)}t \tag{2.26}$$

同理为了得到更高阶的解析逼近结果，我们取
$$u_n=u_{n-1}+\Delta u_{n-1}, \quad \Omega_n=\Omega_{n-1}+\Delta\Omega_{n-1}, \quad (n=2,3,4,\cdots) \tag{2.27}$$

把式 (2.27) 代入式 (2.20) 并做线性化处理，再用谐波平衡法求解导出的线性方程。取
$$\Delta u_{n-1}=\sum_{i=1}^{n}C_{2i-1}\left\{\cos\left[(2i-1)\tau\right]-\cos\left[(2i+1)\tau\right]\right\}, \quad (n=2,3,4,\cdots) \tag{2.28}$$

可求得 $\Delta\Omega_{n-1}(A)$ 和 $C_{2i-1}(A)$ $(i=1,2,\cdots n)$，从而得第 n 个解析逼近周期及周期解
$$T_n(A)=\frac{2\pi}{\sqrt{\Omega_n(A)}}, \quad \Omega_n(A)=\Omega_{n-1}(A)+\Delta\Omega_{n-1}(A) \tag{2.29}$$

$$u_n=u_{n-1}+\Delta u_{n-1}, \quad \tau=\sqrt{\Omega_n(A)}t \quad (n=2,3,4,\cdots) \tag{2.30}$$

与经典的谐波平衡法不同的是：适当的初始逼近的选取以及先于谐波过程的牛顿线性化处理。这样做的好处是，我们得到的代数方程组关于未知量完全是线性的。于是，牛顿谐波平衡法就克服了传统的谐波平衡法的缺陷，大大简化了高阶逼近的求解过程。此外，文献（Wu et al., 2007; Wu and Yu, 2014; Yu and Wu, 2014a; Sun et al., 2015c）还应用伽辽金方法及改进的牛顿谐波平衡法来求解梁的屈曲及振动问题，其在原理思想上是相似的。

第3章　基于受圆管约束管柱模型的钻柱稳定性分析

所谓受约束管柱的钻柱稳定性模型就是将井壁及钻柱简化成圆柱几何模型，研究钻柱在井壁约束下的屈曲稳定性。基于受约束管柱的钻柱稳定性模型，本章研究钻柱的弹性及动力稳定性问题，主要分两大部分展开研究：首先，集中研究钻柱屈曲问题(包括扭矩及摩擦力的影响)，利用牛顿-谐波平衡方法构造解析逼近解(Wu et al., 2006)，采用打靶法求得数值解；然后，分析钻柱壁厚及钻井环空对于钻柱屈曲稳定性的影响，给出下部钻柱系统屈曲形状；最后，研究水平井钻柱动稳定性问题（Sun et al., 2015a, 2015c）。

3.1　井内钻柱后屈曲变形分析

3.1.1　不包含摩擦力影响的钻柱屈曲模型及求解

一个与井壁保持接触的屈曲钻柱的示意图如图 3.1 所示。本节中，弯曲井中的无重钻柱被假设为细长，且系统中没有摩擦力及扭矩的影响。

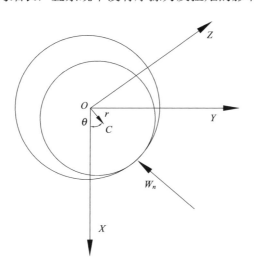

图 3.1　与井壁保持接触的屈曲钻柱的示意图

弯曲井中钻柱的无量纲屈曲控制方程如下(Mitchell, 1986; Gao et al., 2002)：

$$\theta^{(4)} - 6\theta'^2\theta'' + 2\theta'' + Q\sin\theta = 0 \tag{3.1}$$

钻柱与井壁之间的无量纲接触力为

$$P = 4\theta'''\theta' + 3\theta''^2 - \theta'^4 + 2\theta'^2 + Q\cos\theta \tag{3.2}$$

其中 $\theta' = \mathrm{d}\theta/\mathrm{d}\tau$，$Q = F/(EIRr\omega^4)$，$P = N/EIr\omega^4$，$\omega = \sqrt{F/2EI}$。此模型中，$\theta$ 表示钻柱的螺旋角，r 代表井径与钻柱直径的差值，F 为轴向力，EI 表示弯曲刚度，N 是接触力，R 表示井直径。$\tau = \omega s$ 为无量纲钻柱的长度坐标，$\tau \in [0, 2\pi]$。假定钻柱的边界为简支，有

$$\theta(0) = \theta(2\pi) = \theta''(0) = \theta''(2\pi) = 0 \tag{3.3}$$

当 $\theta(\tau)$ 及 Q 通过式 (3.1) 和式 (3.3) 确定后，无量纲化的接触力 P 可由方程 (3.2) 计算得到。下面将求方程依赖于 $\theta'(0) = a$ 的解。

应用 Maclaurin 级数及 Chebyshev 多项式 (Denman, 1969; Jonckheere, 1971; Beléndez, 2009)，可将原方程简化为新的多项式非线性方程。过程如下：对于系统 (3.1)～(3.3)，引入新变量 $u = \theta/a$，应用 Maclaurin 级数将 $\sin(au)/a$ 及 $\cos(au)$ 展开，并截取前五项 (Abramowitz, 1965)。再将结果方程中的关于 u 的幂级数以 Chebyshev 多项式的形式 $T_k (k = 1, 2, \cdots)$ 给出，最后忽略 $T_i (i > 3)$ 项，有

$$u^{(4)} - 6a^2u'^2u'' + 2u'' + Q\left[C_1u + C_2u^3\right] = 0 \tag{3.4}$$

$$u(0) = u(2\pi) = u''(0) = u''(2\pi) = 0, \ u'(0) = 1 \tag{3.5}$$

其中 C_1，C_2 的表达式，请参看附录 A。

一个合理而简单的满足式 (3.5) 的初始逼近可取为如下形式：

$$u_0(\tau) = \sin\tau, \tau \in [0, 2\pi] \tag{3.6}$$

其中 $u_0(\tau)$ 是 τ 的周期函数，周期为 2π。

将方程 (3.6) 代入到方程 (3.4) 中，然后再令导出方程中的 $\sin\tau$ 系数为零，有

$$(4C_1 + 3C_2)Q - 4 + 6a^2 = 0 \tag{3.7}$$

求解方程 (3.7) 可以获得 Q 以 a 表示的第一个解析逼近：

$$Q_0(a) = \frac{4 - 6a^2}{4C_1 + 3C_2} \tag{3.8}$$

应用式 (3.2) 及式 (3.8)，可以得到 P 的第一个解析逼近解：

$$P_0 = -2a^2\cos^2\tau - a^4\cos^4\tau + Q_0\cos(a\sin\tau) + 3a^2\sin^2\tau \tag{3.9}$$

相应的解析逼近解 $\theta(\tau)$ 可表示为

$$\theta_0(\tau) = a\sin\tau, \tau \in [0, 2\pi] \tag{3.10}$$

接下来，把方程 (3.4) 及方程 (3.5) 的解 $(u(\tau), Q)$ 写成

$$u(\tau) = u_0(\tau) + \Delta u_0(\tau), \quad Q = Q_0 + \Delta Q_0 \tag{3.11}$$

此处，$(u_0(\tau), Q_0)$ 是主要部分，$(\Delta u_0(\tau), \Delta Q_0)$ 是修正项。将方程 (3.11) 代入到方程 (3.4) 及方程 (3.5) 中，然后再将其关于 $(\Delta u_0(\tau), \Delta Q_0)$ 线性化，导出：

$$u_0^{(4)} + \Delta u_0^{(4)} + 2u_0'' + 2\Delta u_0'' - 6a^2 \left[2u_0''u_0'\Delta u_0' + u_0'^2(u_0'' + \Delta u_0'') \right]$$
$$+ Q_0 \left[C_1(u_0 + \Delta u_0) + C_2(u_0^3 + 3u_0^2\Delta u_0) \right] + \Delta Q_0 (C_1 u_0 + C_2 u_0^3) = 0 \tag{3.12}$$

$$\Delta u_0(0) = \Delta u_0(2\pi) = \Delta u_0''(0) = \Delta u_0''(2\pi) = 0, \quad \Delta u_0'(0) = 0 \tag{3.13}$$

其中 $\Delta u_0(\tau)$ 是周期为 2π 的周期函数，ΔQ_0 为未知量。第二个解析逼近解可以通过应用谐波平衡方法解关于 $\Delta u_0(\tau)$ 和 ΔQ_0 的线性方程组 (3.12) 和 (3.13) 而得到。

满足方程 (3.13) 的 $\Delta u_0(\tau)$ 可取成如下形式：

$$\Delta u_0(\tau) = z_0 \left[\sin\tau - (\sin 3\tau)/3 \right] \tag{3.14}$$

将方程 (3.6) 及 (3.14) 代入方程 (3.12)，再将得到的方程展成三角级数，并且分别令方程中的 $\sin\tau$ 和 $\sin 3\tau$ 项系数为零，得出如下方程组：

$$\xi_1 \times \Delta Q_0 + \xi_2 \times z_0 + \xi_3 = 0 \tag{3.15}$$

$$C_2 \times \Delta Q_0 + \eta_1 \times z_0 + \eta_2 = 0 \tag{3.16}$$

求解方程 (3.15) 及 (3.16) 给出 z_0 和 ΔQ_0：

$$\Delta Q_0 = (\xi_3\eta_1 - \xi_2\eta_2)/(\xi_2 B_2 - \xi_1\eta_1) \tag{3.17}$$

$$z_0 = (\xi_1\eta_2 - \xi_3 B_2)/(\xi_2 B_2 - \xi_1\eta_1) \tag{3.18}$$

其中 ξ_1，ξ_2，ξ_3，η_1，η_2 在附录 A 中。

继而得到钻柱后屈曲变形的第二个解析逼近解：

$$Q_1(a) = Q_0(a) + \Delta Q_0(a) \tag{3.19}$$

$$\theta_1(\tau) = a\left\{ \sin\tau + z_0 \left[\sin\tau - (\sin 3\tau)/3 \right] \right\}, \quad \tau \in [0, 2\pi] \tag{3.20}$$

$$P_1 = 4\theta_1''\theta_1' + 3\theta_1''^2 - \theta_1'^4 + 2\theta_1'^2 + Q\cos\theta_1, \quad \tau \in [0, 2\pi] \tag{3.21}$$

接下来，将看到无论对于小的还是大的转角 a，公式 (3.19)~(3.21) 都能给出基于打靶法 (Seydel, 1994) 的数值解的高精度逼近。用 $\theta_r(\tau, a)$、$P_r(\tau, a)$ 及 $Q_r(a)$ 表示由打靶方法得到的无量纲螺旋角、接触力及轴向载荷。为了便于比较，将无量纲轴向力 Q 的数值解与逼近解画在图 3.2 中。图 3.2 表明式 (3.19) 能给出最好近似，而式 (3.8) 对于 a 较小的情况，能给出可接受的逼近。

无量纲接触力 P 的数值解与逼近解随 τ 的变化情况如图 3.3 所示，从图中可以看出，式 (3.21) 的逼近效果还是令人满意的。

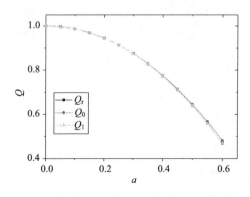
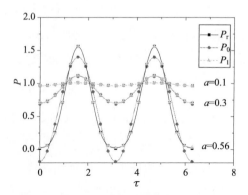

图 3.2　无量纲轴向力 Q 的数值解与逼近解随　　图 3.3　无量纲接触力 P 的数值解与逼近解随
　　　　　a 的变化图　　　　　　　　　　　　　　　　τ 的变化图

对于 $a=0.1$ 和 $a=0.56$，数值解 θ_r、逼近解 θ_0 与 θ_1 被画在图 3.4 和图 3.5 中。从图中可知，对于 a 的足够大非线性，式 (3.20) 都能给出数值解的良好近似。

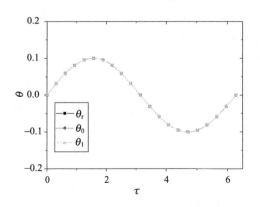
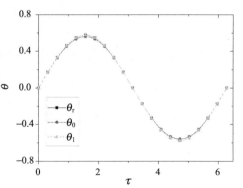

图 3.4　$\theta(\tau)$ 数值解与逼近解的比较（$a=0.1$）　　图 3.5　$\theta(\tau)$ 数值解与逼近解的比较
　　　　　　　　　　　　　　　　　　　　　　　　　　　（$a=0.56$）

3.1.2　包含扭矩影响的钻柱屈曲模型

包含扭矩的弯曲井中钻柱的无量纲屈曲控制方程如下 (Mitchell, 1986; Gao et al., 2002)：

$$\theta^{(4)} - 6\theta'^2\theta'' + 3m\theta'\theta'' + 2\theta'' + Q\sin\theta = 0 \tag{3.22}$$

钻柱与井壁之间的无量纲接触力为

$$P = 4\theta'''\theta' + 3\theta''^2 - \theta'^4 + 2\theta'^2 + m\left(\theta'^3 - \theta'''\right) + Q\cos\theta \tag{3.23}$$

其中 $m = \sqrt{2}M_n\big/\sqrt{FEI}$ ，M_n 表示扭矩，其他参数的定义同 3.1.1 节，钻柱的边界为简支同式(3.3)。仿照 3.1.1 节的求解过程，解析逼近解得以构造，在这部分，只列出三阶逼近解：

$$\theta_T(\tau) = a\Big\{\sin\tau + z_1\big[\sin\tau - (\sin 2\tau)/2\big] + z_2\big[\sin\tau - (\sin 3\tau)/3\big]\Big\}, \quad \tau \in [0, 2\pi] \tag{3.24}$$

$$Q_T(a) = Q_0(a) + \Delta\bar{Q}_0(a) + \Delta\bar{Q}_1(a) \tag{3.25}$$

$$P_T = 4\theta_T'''\theta_T' + 3\theta_T''^2 - \theta_T'^4 + 2\theta_T'^2 + m\left(\theta_T'^3 - \theta'''\right) + Q\cos\theta_T, \quad \tau \in [0, 2\pi] \tag{3.26}$$

其中 $Q_0(a)$ 的表达式参看式(3.8)；而 C_1，C_2 ，$\Delta\bar{Q}_0(a)$，$\Delta\bar{Q}_1(a)$， z_1，z_2 的表达式在附录 A 中。

注意到：当系统中不存在扭矩时，方程解 $\theta(\tau)$ 的表达式只包含正弦三角函数的奇数项；而由于系统中扭矩的存在，方程解 $\theta(\tau)$ 的表达式不再简单，为包含正弦三角函数的所有项(这里截断到第三项)。

给定无量纲扭矩参数 $m = 0.4$ ，将无量纲轴向力 Q 的数值解与逼近解画在图 3.6 中。图 3.6 表明式(3.25)在系统中包含扭矩的影响时，仍能给出良好近似。无量纲接触力 P 的数值与逼近解随 τ 的变化情况如图 3.7 所示，从图中可以看出，由于方程的复杂性增加，逼近解的最大绝对误差不大于 7%，说明式(3.26)的逼近效果还是比较令人满意的。另外，从图 3.8 可以看出，虽然系统中增加了扭矩的作用，但是逼近解与数值解的吻合程度非常好。

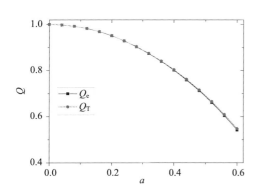

图 3.6　无量纲轴向力 Q 的数值解与逼近解随 a 的变化图

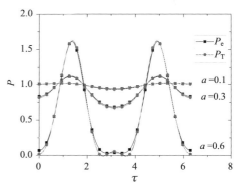

图 3.7　无量纲接触力 P 的数值解与逼近解随 τ 的变化图

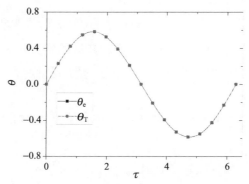

图 3.8　$\theta(\tau)$ 数值解与逼近解的比较（$a = 0.6$）

3.1.3　包含摩擦力影响的钻柱屈曲模型

考虑摩擦力的影响，一个与井壁保持接触的垂直井中屈曲钻柱的示意图如图 3.9 所示。其控制方程如下（Wang and Yuan, 2012; Sun et al., 2015a）：

$$EI \frac{\mathrm{d}^4\theta}{\mathrm{d}s^4} + F \frac{\mathrm{d}^2\theta}{\mathrm{d}s^2} + F' \frac{\mathrm{d}\theta}{\mathrm{d}s} - 6EI \left(\frac{\mathrm{d}\theta}{\mathrm{d}s}\right)^2 \frac{\mathrm{d}^2\theta}{\mathrm{d}s^2} + \frac{q \cdot \sin\theta \sin\alpha}{r} = 0 \tag{3.27}$$

$$W_n - Fr \left(\frac{\mathrm{d}\theta}{\mathrm{d}s}\right)^2 - q \cdot \cos\theta \sin\alpha + EIr \left(\frac{\mathrm{d}\theta}{\mathrm{d}s}\right)^4 = 0 \tag{3.28}$$

考虑其简支边界条件：

$$\theta(0) = \theta(L) = \theta''(0) = \theta''(L) = 0 \tag{3.29}$$

其中，

$$F = p + qs\cos\alpha - \bar{\mu} \int_0^s W_n \mathrm{d}s$$

θ 表示钻柱的螺旋角；r 代表井径与钻柱直径的差值；p 为轴向力；EI 表示弯曲刚度；W_n 为接触力；$\bar{\mu}$ 表示摩擦系数；q 为单位长度钻柱重量。$s \in [0, L]$ 沿着 z 轴从下部钻具上端指向井底钻头处。

一旦 θ 由上述方程解出，钻柱的中性线（中性层）可由式（3.30）求出：

$$\begin{Bmatrix} \bar{u} \\ \bar{v} \\ \bar{w} \end{Bmatrix} = \begin{Bmatrix} r\cos\theta \\ r\sin\theta \\ 0 \end{Bmatrix}_{s=0} + \int_0^s \begin{Bmatrix} -r\dfrac{\mathrm{d}\theta}{\mathrm{d}s}\sin\theta \\ r\dfrac{\mathrm{d}\theta}{\mathrm{d}s}\cos\theta \\ 1 - \dfrac{1}{2}r^2\left(\dfrac{\mathrm{d}\theta}{\mathrm{d}s}\right)^2 \end{Bmatrix} \mathrm{d}s \tag{3.30}$$

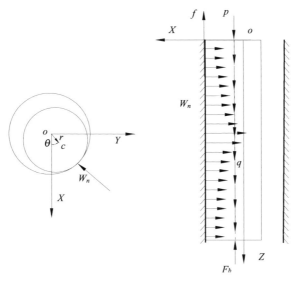

图 3.9　考虑摩擦力的钻柱屈曲示意图

其中 $\bar{u}$ ，$\bar{v}$ ，$\bar{w}$ 表示变形后钻柱的中性线位置分量。注意，此处我们研究垂直井中钻柱屈曲行为，所以 $\alpha = 0^\circ$ 。为了便于表达，将原方程化成如下无量纲形式：

$$\theta^{(4)} + \left[\lambda + \bar{q}S - \mu \int_0^S N\mathrm{d}\tau \right] \theta'' + (\bar{q} - \mu N)\theta' - 6(\theta')^2 \theta'' = 0 \tag{3.31}$$

$$N - \left[\lambda + \bar{q}S + \mu \int_0^S N\mathrm{d}\tau \right](\theta')^2 + (\theta')^4 = 0 \tag{3.32}$$

$$\theta(0) = \theta(2\pi) = \theta''(0) = \theta''(2\pi) = 0 \tag{3.33}$$

$$\left\{ \begin{array}{c} u \\ v \\ w \end{array} \right\} = \left\{ \begin{array}{c} \cos\theta \\ \sin\theta \\ \displaystyle\int_0^S \left[1 - \frac{1}{2} J^2 (\theta')^2 \right] \frac{\mathrm{d}\tau}{J} \end{array} \right\} \tag{3.34}$$

其中，

$$S = \frac{2\pi s}{L}, \mu = \frac{2\pi r \bar{u}}{L}, \lambda = \frac{p}{p_{cr}} = \frac{pL^2}{4\pi^2 EI}, Q = \frac{qL^4}{(2\pi)^4 EIr}, N = \frac{W_n L^4}{(2\pi)^4 EIr}, \bar{q} = \frac{qL^3}{(2\pi)^3 EI}$$

$$u = \frac{\bar{u}}{r}, v = \frac{\bar{v}}{r}, w = \frac{\bar{w}}{r}, J = \frac{2\pi r}{L}$$

由于这个方程组中的变量是耦合的，存在高度的非线性，所以精确解析解是难于求解的。下面，将方程通过变形，应用扩展系统打靶方法求解方程依赖于 $\theta'(0) = a$ 的解。

$$\theta^{(4)}+\left[\lambda+\overline{q}S-\mu\Gamma\right]\theta''+\left(\overline{q}-\mu\Gamma'\right)\theta'-6\left(\theta'\right)^2\theta''=0$$

$$\Gamma'-\left[\lambda+\overline{q}S-\mu\Gamma\right]\left(\theta'\right)^2+\left(\theta'\right)^4=0$$

$$u'=-\theta'\sin\theta$$

$$v'=\theta'\cos\theta$$

$$w'=\frac{1}{J}-\frac{1}{2}J\left(\theta'\right)^2$$

$$\theta(0)=\theta''(0)=\Gamma(0)=u(0)=v(0)=w(0)=0,\theta'(0)=a,\theta(2\pi)=\theta''(2\pi)=0$$

$$(3.35)$$

其中，

$$\Gamma=\int_0^S N\mathrm{d}\tau$$

扩展系统打靶方法的求解过程，请参看文献（Yu et al., 2012），这里不再赘述。

3.2　钻柱系统屈曲稳定性影响因素分析

下部钻柱系统屈曲稳定性受到多种因素影响，主要有：轴向压力、钻柱壁厚、钻柱与井壁之间的环空、摩擦力、钻柱自重等。本节就几种重要因素加以分析，给出其影响程度说明。

3.2.1　下部钻具上端压力为零时钻柱壁厚对钻柱屈曲的影响

为了简化计算及应用受约束管柱的钻柱屈曲模型，我们提取下部钻柱系统参数如下：$\overline{\mu}=0.4$，井径 $D=150\mathrm{mm}$，钻柱外径 $d=127\mathrm{mm}$，$L=100\mathrm{m}$，环空 $r=11.5\mathrm{mm}$，钻柱材料弹性模量 $E=2.0\times10^{11}\mathrm{Pa}$，即 $J=0.00072257$，$\mu=0.000289027$，将对应于不同压力及钻柱壁厚计算的螺旋角 θ 及钻柱变形形状列在如下小节中，作以比较，分析钻柱壁厚对于钻柱屈曲稳定性的影响。

本小节将通过对应于压力 $p=0$、井径 $D=150\mathrm{mm}$ 及钻柱外直径 $d=127\mathrm{mm}$，计算不同钻柱壁厚（如 $\delta=7.52\mathrm{mm}$，$\delta=9.19\mathrm{mm}$，$\delta=12.7\mathrm{mm}$，$\delta=25.4\mathrm{mm}$，$\delta=34.9\mathrm{mm}$）对于钻柱屈曲时螺旋角 θ、摩擦力 f 及钻柱变形形状的影响情况。表3.1列出了外径为 $d=127\mathrm{mm}$ 的100m钻柱对应于不同壁厚的前三个临界屈曲压力；表3.2列出了壁厚为9.19mm的100m钻柱对应于不同外径的前三个临界屈曲压力；表3.3列出了壁厚为25.4mm的100m钻柱对应于不同外径的前三个临界屈曲压力。通过这些表可看出，由于钻柱自重较大，屈曲临界压力为负值(表明为拉力)。对于同一外径尺寸，屈曲临界压力随着壁厚的增加而降低；对于同一壁厚的钻柱，屈曲临界压力随着外径的增大而增高。

表 3.1 外径为 Φ127mm 的 100m 钻柱对应于不同壁厚的临界屈曲压力表

钻柱壁厚 δ/mm	临界压力 p/kN		
	第一个临界压力	第二个临界压力	第三个临界压力
7.52	−5.32147	−2.39887	−0.27675
9.19	−5.49116	−2.5169	−0.36853
12.7	−5.86093	−2.77604	−0.56873
25.4	−7.31815	−3.82006	−7.31815
34.9	−8.44818	−4.65051	−2.00011

表 3.2 壁厚为 9.19mm 的 100m 钻柱对应于不同外径的临界屈曲压力表

钻柱外径 d/mm	临界压力 p/kN		
	第一个临界压力	第二个临界压力	第三个临界压力
114.3	−7.19082	−3.72753	−1.2957
127	−5.49116	−2.5169	−0.36853
139.7	−4.28527	−1.69118	0.28556

表 3.3 壁厚为 25.4mm 的 100m 钻柱对应于不同外径的临界屈曲压力表

钻柱外径 d/mm	临界压力 p/kN		
	第一个临界压力	第二个临界压力	第三个临界压力
114.3	−9.77955	−5.64745	−2.76872
127	−7.31815	−3.82006	−1.36616
139.7	−5.61374	−2.60252	−0.43486

图 3.10 展示外径为 d=127mm 的 100m 钻柱对应于压力 p=0 时，壁厚对钻柱屈曲螺旋角 θ 影响，其中 (a)、(b) 及 (c) 图分别对应于前三个屈曲载荷后屈曲路径上的 θ 解。

通过图 3.10 分析可知：在下部钻柱上段压力与钻柱外径一定的情况下，随着壁厚的增加，钻柱屈曲产生的螺旋角逐渐增大。而由于下部钻柱系统较长，最低临界荷载较小，当压力 p=0 时，变形较大，所以通过对以第二个与第三个临界荷载为初始的后屈曲路径解的分析知，可以通过在反曲角点处（第一个与第二个半波长处）加一稳定器（相当于加一铰链支座）来提高钻柱系统的承载能力。

将外径为 d=127mm 的 100m 钻柱对应于压力 p=0 时，壁厚对钻柱屈曲摩擦力 f 的影响，画在图 3.11 中展示，其中 (a)、(b) 及 (c) 图分别对应于前三个屈曲载荷后屈曲路径上的 f 解。

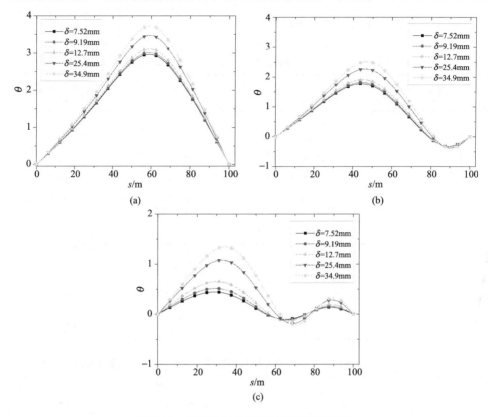

图 3.10　壁厚对钻柱屈曲时螺旋角影响图

通过图 3.11 分析可知：在下部钻柱上段压力与钻柱外径一定的情况下，随着壁厚的增加，钻柱屈曲产生的摩擦力逐渐增大。而第三个临界荷载为初始的后屈曲路径的摩擦力解明显小于前两个，可以通过在反曲角点处（第一个与第二个半波长处）加一稳定器（相当于加一铰链支座）来降低系统的摩擦力。而由于井段被假定

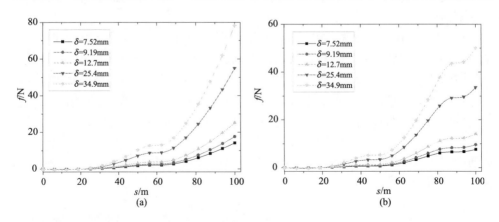

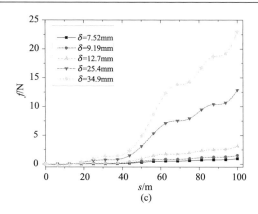

图 3.11　壁厚对钻柱屈曲时摩擦力的影响图

为是严格垂直的，井壁与钻柱之间的接触力比较小，所以此种情况下摩擦力影响远没有水平井大，某种意义上可先忽略摩擦力影响。

将外径为 d=127mm 的 100m 钻柱对应于压力 p=0 时，壁厚为 δ=7.52mm，δ=9.19mm，δ=12.7mm，δ=25.4mm，δ=34.9mm 时钻柱屈曲变形图分别画在图 3.12～图 3.16 中，其中 (a)、(b) 及 (c) 图分别对应于前三个屈曲载荷后屈曲路径上的钻柱屈曲变形图。

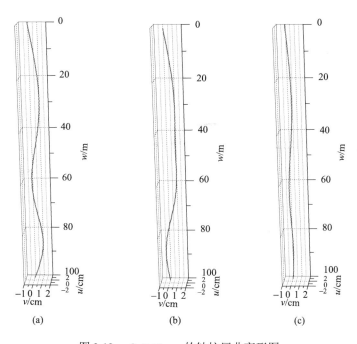

图 3.12　δ=7.52mm 的钻柱屈曲变形图

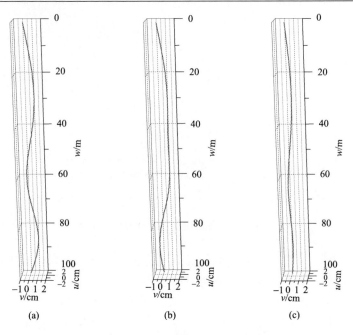

图 3.13　　δ=9.19mm 的钻柱屈曲变形图

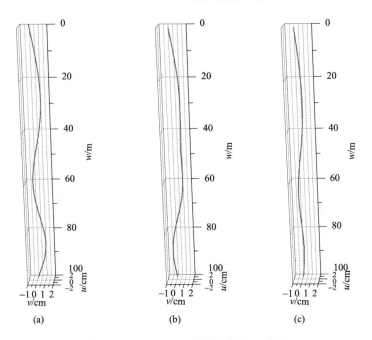

图 3.14　　δ=12.7mm 的钻柱屈曲变形图

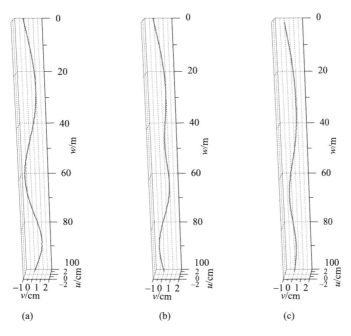

图 3.15　δ=25.4mm 的钻柱屈曲变形图

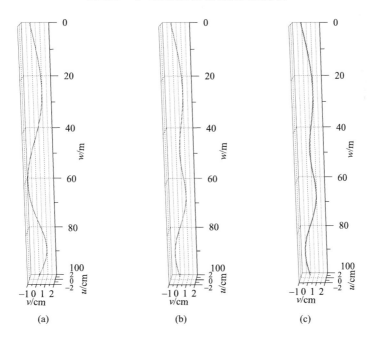

图 3.16　δ=34.9mm 的钻柱屈曲变形图

通过图 3.12～图 3.16 分析可知：在下部钻柱上段压力与钻柱外径一定的情况下，随着壁厚的增加，钻柱屈曲变形逐渐增大。并且可以通过在第一个及第二个半波长处加稳定器的方法来使第二和第三个解平衡路径变为稳定从而减小钻柱的屈曲变形。

3.2.2　下部钻具上端压力为零时钻井环空对钻柱屈曲的影响

本小节将通过对应于压力 $p=0$ ，井径 $D=150\text{mm}$ ，钻柱外直径分别为 $d=114.3\text{mm}$ 、 $d=127\text{mm}$ 、 $d=139.7\text{mm}$ ，壁厚分别为 $\delta=9.19\text{mm}$ 、 $\delta=25.4\text{mm}$ 的情况下，计算钻井环空(即钻柱外径变化)对于钻柱屈曲时螺旋角 θ 、摩擦力 f 及钻柱变形形状的影响情况。图 3.17 与图 3.18 分别展示壁厚为 $\delta=9.19\text{mm}$ 和 $\delta=25.4\text{mm}$ 的 100m 钻柱对应于压力 $p=0$ 时，钻井环空对钻柱屈曲螺旋角 θ 影响，其中(a)、(b)及(c)图分别对应于前三个屈曲载荷后屈曲路径上的 θ 解。

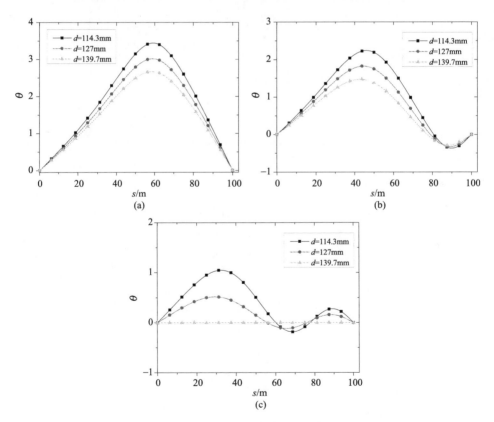

图 3.17　壁厚为 $\delta=9.19\text{mm}$ 钻井环空对钻柱屈曲时螺旋角影响图

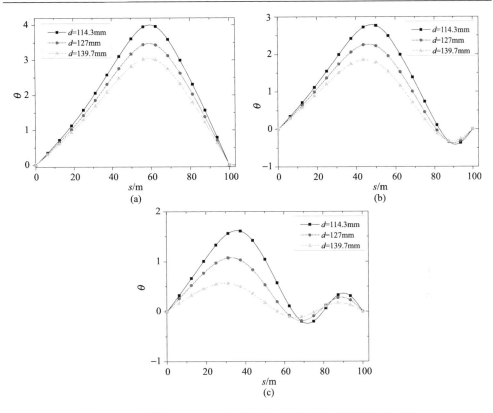

图 3.18　壁厚为 δ=25.4mm 钻井环空对钻柱屈曲时螺旋角影响图

　　将壁厚分别为 δ=9.19mm 和 δ=25.4mm 的 100m 钻柱对应于压力 p=0 时，钻井环空(钻柱外径变化)对钻柱屈曲摩擦力 f 的影响，画在图 3.19 和图 3.20 中，其中(a)、(b)及(c)图分别对应于前三个屈曲载荷后屈曲路径上的 f 解。

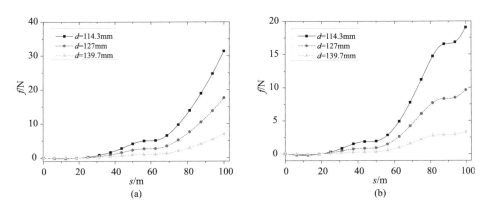

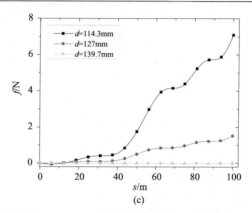

图 3.19　壁厚为 δ=9.19mm 钻井环空对钻柱屈曲时摩擦力的影响图

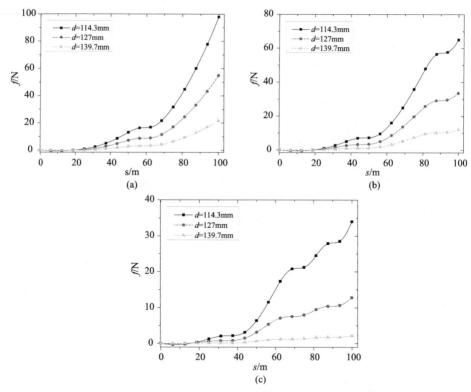

图 3.20　壁厚为 δ=25.4mm 钻井环空对钻柱屈曲时摩擦力的影响图

将壁厚分别为 δ=9.19mm 和 δ=25.4mm 的 100m 钻柱对应于压力 p=0 时，钻柱外径分别为 d=114.3mm、d=127mm、d=139.7mm 时钻柱屈曲变形图分别画在图 3.21～图 3.26 中，其中(a)、(b)及(c)图分别对应于前三个屈曲载荷后屈曲路径上的钻柱屈曲变形图。

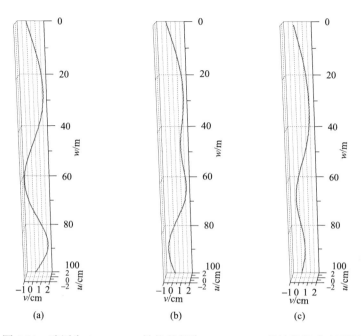

图 3.21　壁厚为 δ=9.19mm 钻柱外径为 d=114.3mm 的钻柱屈曲变形图

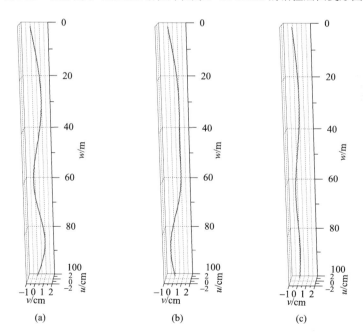

图 3.22　壁厚为 δ=9.19mm 钻柱外径为 d=127mm 的钻柱屈曲变形图

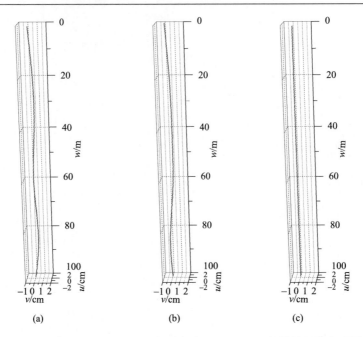

(a)　　　　　　　　　　(b)　　　　　　　　　　(c)

图 3.23　壁厚为 δ=9.19mm 钻柱外径为 d=139.7mm 的钻柱屈曲变形图

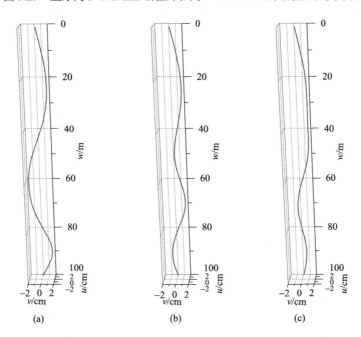

(a)　　　　　　　　　　(b)　　　　　　　　　　(c)

图 3.24　壁厚为 δ=25.4mm 钻柱外径为 d=114.3mm 的钻柱屈曲变形图

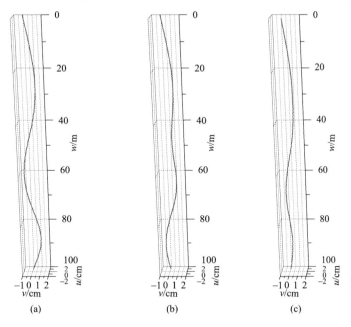

图 3.25　壁厚为 δ=25.4mm 钻柱外径为 d=127mm 的钻柱屈曲变形图

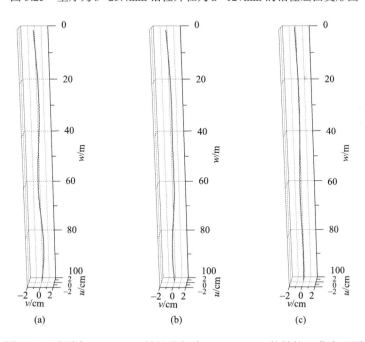

图 3.26　壁厚为 δ=25.4mm 钻柱外径为 d=139.7mm 的钻柱屈曲变形图

通过图 3.17~图 3.26 分析可知：在下部钻柱上段压力与钻柱壁厚一定的情况下，随着环空的增加，钻柱屈曲产生的螺旋角逐渐增大、摩擦力增大，钻柱变形加剧。而由于下部钻柱系统较长，最低屈曲临界荷载较小，当压力 $p=0$ 时，变形较大，所以通过对以第二个与第三个临界荷载为初始的后屈曲路径解的分析知，可以通过在反曲角点处(第一个与第二个半波长处)加一稳定器(相当于加一铰链支座)来提高钻柱系统的承载能力，减小钻柱屈曲变形，增加钻柱系统屈曲半波数，维持系统稳定。

3.3　水平井内钻柱动态稳定性分析

3.3.1　数学模型的建立

由于钻柱和井眼间的环空小，所以假定钻柱始终和井壁接触。在这个模型中，摩擦力和扭矩的影响也被忽略。一个动力学屈曲钻柱如图 3.27 所示。钻柱中线的空间位置分别由轴向线位移 $u(x,t)$ 和周向角位移 $\theta(x,t)$ 表示。其中 W_n 和 q 分别表示每单位长度上的接触力及钻柱自重。控制方程如下 (Gao and Miska, 2010)：

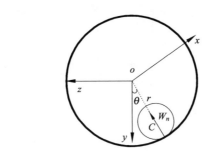

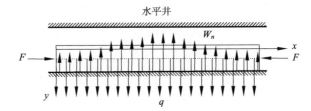

图 3.27　动力屈曲钻柱几何示意图

$$EA\frac{\partial^2 u}{\partial x^2} - \rho A\frac{\partial^2 u}{\partial t^2} + EAr^2\frac{\partial \theta}{\partial x}\frac{\partial^2 \theta}{\partial x^2} = 0 \tag{3.36}$$

$$EIr\left[\frac{\partial^4\theta}{\partial x^4}-6\left(\frac{\partial\theta}{\partial x}\right)^2\frac{\partial^2\theta}{\partial x^2}\right]+r\frac{\partial}{\partial}\left(F\frac{\partial\theta}{\partial x}\right)+J_p\omega\left(\frac{\partial\omega_r}{\partial x}-\omega_\theta\frac{\partial\theta}{\partial x}\right)+\rho Ag\sin\theta+\rho Ar\frac{\partial^2\theta}{\partial t^2}=0$$

$$(3.37)$$

$$\frac{\partial^2\theta}{\partial x^2}\Big|_{x=0}=0,\theta(0,\tau)=0$$

$$\frac{\partial^2\theta}{\partial x^2}\Big|_{x=L}=0,\theta(L,\tau)=0 \qquad (3.38)$$

$$u(0,\tau)=0,u(L,\tau)=-u_L$$

其中,

$$F(x,t)=-EA\frac{\partial u}{\partial x}-\frac{1}{2}EAr^2\left(\frac{\partial\theta}{\partial x}\right)^2 \qquad (3.39)$$

$$\omega_r=-r\frac{\partial\theta}{\partial x}\frac{\partial\theta}{\partial t},\quad \omega_\theta=r\frac{\partial^2\theta}{\partial x\partial t} \qquad (3.40)$$

此处,钻柱中线的轴向坐标为 $x\in[0,L]$, EI, L, A, J_p 及 ρ 分别表示弯曲刚度、长度、横截面积惯性矩及密度。钻柱与井壁间的环空用 r 表示,轴向力为 F。角速度分量为 ω, ω_r 和 ω_θ。

将方程(3.39)和(3.40)代入到方程(3.36)和(3.37)中,然后控制方程(3.36)和(3.37)可以表示成如下形式:

$$\frac{\partial^2 U}{\partial s^2}-\eta\frac{\partial^2 U}{\partial\tau^2}+\frac{\partial\theta}{\partial s}\frac{\partial^2\theta}{\partial s^2}=0 \qquad (3.41)$$

$$\frac{\partial^4\theta}{\partial s^4}-6\left(\frac{\partial\theta}{\partial s}\right)^2\frac{\partial^2\theta}{\partial s^2}+2\frac{\partial}{\partial s}\left(\beta\frac{\partial\theta}{\partial s}\right)+Q\sin\theta-\Gamma\left(\frac{\partial^2\theta}{\partial s^2}\frac{\partial\theta}{\partial\tau}+2\frac{\partial\theta}{\partial s}\frac{\partial^2\theta}{\partial s\partial\tau}\right)+\frac{\partial^2\theta}{\partial\tau^2}=0$$

$$(3.42)$$

$$\beta(s,\tau)=-\varphi\left[\frac{\partial U}{\partial s}+\frac{1}{2}\left(\frac{\partial\theta}{\partial s}\right)^2\right] \qquad (3.43)$$

无量纲参数及变量为

$$\eta=\frac{R_p^2+r_p^2}{4}\left(\frac{2\pi}{L}\right)^2,\quad \Gamma=\omega\sqrt{\frac{\rho(R_p^2+r_p^2)}{E}},\quad Q=\frac{\rho Ag}{EIr}\left(\frac{L}{2\pi}\right)^4,\quad s=\frac{2\pi x}{L},\quad U=\frac{Lu}{2\pi r^2},$$

$$\tau=\sqrt{\frac{\rho A}{EI}}\left(\frac{L}{2\pi}\right)^2 t,\quad \beta=\frac{F}{2EI}\left(\frac{L}{2\pi}\right)^2,\quad \varphi=\frac{2r^2}{R_p^2+r_p^2} \qquad (3.44)$$

注意到对于细长钻柱, $\eta\ll1$, 轴向振动可以忽略。所以有 $\frac{\partial\beta}{\partial s}=0$, 即, $\beta(s,\tau)$ 沿

着杆长为常量。同时，$\Gamma \ll 1$，于是，$\Gamma\left(\dfrac{\partial^2\theta}{\partial s^2}\dfrac{\partial\theta}{\partial\tau}+2\dfrac{\partial\theta}{\partial s}\dfrac{\partial^2\theta}{\partial s\partial\tau}\right)$ 是小量，可以忽略。

最后，控制方程简化为

$$\frac{\partial^4\theta}{\partial s^4}-6\left(\frac{\partial\theta}{\partial s}\right)^2\frac{\partial^2\theta}{\partial s^2}+2\beta\frac{\partial^2\theta}{\partial s^2}+Q\sin\theta+\frac{\partial^2\theta}{\partial\tau^2}=0 \tag{3.45}$$

$$\frac{\partial^2\theta}{\partial s^2}\Big|_{s=0}=0,\theta(0,\tau)=0$$

$$\frac{\partial^2\theta}{\partial s^2}\Big|_{s=2\pi}=0,\theta(2\pi,\tau)=0 \tag{3.46}$$

$$U(0,\tau)=0,U(2\pi,\tau)=-U_L$$

$s\in[0,s_L]$ 为钻柱无量纲长度，不失一般性，令 $s_L=2\pi$（当 $s_L\neq 2\pi$ 时，只需做变换 $\tilde{s}=2\pi s/s_L$）。此简化模型中，$\dfrac{\partial\beta}{\partial s}=0$，即，$\beta(s,\tau)$ 沿着杆长为常量。r 为井径与钻柱半径差，R_p 为钻杆外径，r_p 为钻杆内径。其他符号意义请参看 Gao 和 Miska (2010)。

由式 (3.43) 和 (3.46) 可得

$$2\pi\beta(\tau)=-\phi\left[-U_L+\int_0^{2\pi}\frac{1}{2}\left(\frac{\partial\theta}{\partial s}\right)^2\mathrm{d}s\right] \tag{3.47}$$

基于以上方程的钻柱屈曲问题前面已经研究过了，请参看 3.1 节及 3.2 节，下面着重研究钻柱的动稳定性问题。

基于静态屈曲构型 $\theta_0(s)$，假定动力屈曲方程的解有如下形式：

$$\theta(s,\tau)=a(\tau)\cdot\theta_0(s) \tag{3.48}$$

$$\theta_0(s)=A_0\sin s \tag{3.49}$$

其中 A_0 为静力屈曲最大位移值，$a(\tau)$ 是动态最大振幅。

将式 (3.47)～式 (3.49) 代入到式 (3.45) 中，并应用 Galerkin 方法，可得如下方程：

$$\frac{\mathrm{d}^2a}{\mathrm{d}\tau^2}+\left(1+Q-\frac{U_L\varphi}{\pi}\right)a+\frac{A_0^2}{8}(12-Q+4\varphi)a^3=0 \tag{3.50}$$

U_L 可按如下方式求得：静力屈曲问题解式 (3.49)［即当式 (3.45) 中不含有惯性项］仍满足式 (3.43) 和式 (3.46)，于是有

$$U_L=\frac{\pi(8+8Q+12A_0^2-QA_0^2+4A_0^2\varphi)}{8\varphi} \tag{3.51}$$

将式 (3.51) 代入到式 (3.50) 中，化简得

$$\frac{\mathrm{d}^2 a}{\mathrm{d}\tau^2} + \omega_s a \left(a^2 - 1 \right) = 0 \tag{3.52}$$

其中，

$$\omega_s = A_0^2 \left(\frac{12 - Q + 4\varphi}{8Q} \right) \tag{3.53}$$

不妨设系统的初条件为

$$a(0) = \delta, \quad \frac{da}{d\tau}(0) = 0 \tag{3.54}$$

当系统在 $\tau = \tau_0$ 处取得振幅最大值，可作变换 $\tilde{\tau} = \tau - \tau_0$，将其变换到 $\tau = 0$ 处取最值。

当 $\omega_s > 0$ 即 $Q < 12 + 4\varphi$，系统势能由式(3.55)给出，并展现在图 3.28 中：

$$V(a) = \omega_s \left(-a^2/2 + a^4/4 \right) \tag{3.55}$$

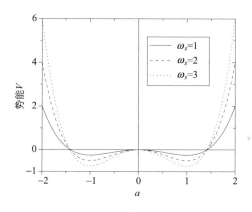

图 3.28　系统势能图

系统有三个平衡点：中心平衡点 $a = 0$ 是不稳定的，而其他两个平衡点 $a = \pm 1$ 是稳定的。周期解依赖于初始振幅 δ。对于情形 $0 < \delta < 1$ 及 $1 < \delta < \sqrt{2}$，系统在稳定平衡点 $a = +1$ 附近发生不对称振动，此解代表了钻柱在正弦屈曲平衡位置附近发生第一种蛇行运动。此种振动代表钻柱只在井眼一侧上下振动，而不是从井眼一边移动到另一边。对于 $\delta > \sqrt{2}$，周期解实对称的，系统产生跨越三个平衡点的对称振动。此时，钻柱能够从左边移动到右边，称之为第二种蛇行运动。

对于 $\omega_s < 0$ 即 $Q > 12 + 4\varphi$ 中心平衡点 $a = 0$ 是稳定的，而 $a = \pm 1$ 是不稳定的，对称振动发生在稳定平衡点 $a = 0$ 附近，初始振幅 δ 满足 $|\delta| < 1$。主要讨论 $\omega_s > 0$ 情形。

3.3.2　第一类蛇行运动

本节讨论 $\delta > \sqrt{2}$ 情形的振动周期及周期解。此振动发生在对称区间 $[-\delta, \delta]$，应用牛顿谐波平衡法，仿照 3.2 节的过程，可以得到如下的解析逼近解：

$$T_1(\delta) = \frac{2\pi}{\sqrt{\Omega_1(\delta)}} \sqrt{\frac{EI}{\rho A}} \left(\frac{2\pi}{L}\right)^2, \quad \Omega_1(\delta) = \omega_s\left(3\delta^2/4 - 1\right),$$

$$a_1(t) = \delta\cos\xi, \quad \xi = \sqrt{\Omega_1(\delta)}\sqrt{\frac{\rho A}{EI}}\left(\frac{L}{2\pi}\right)^2 t \tag{3.56}$$

$$T_2(\delta) = \frac{2\pi}{\sqrt{\Omega_2(\delta)}} \sqrt{\frac{EI}{\rho A}} \left(\frac{2\pi}{L}\right)^2, \quad \Omega_2(\delta) = \omega_s\frac{128 - 192\delta^2 + 69\delta^4}{96\delta^2 - 128},$$

$$a_2(t) = \left(\frac{32\delta - 23\delta^3}{32 - 23\delta^2}\right)\cos\xi + \left(\frac{\delta^3}{24\delta^2 - 32}\right)\cos 3\xi, \quad \xi = \sqrt{\Omega_2(\delta)}\sqrt{\frac{\rho A}{EI}}\left(\frac{L}{2\pi}\right)^2 t \tag{3.57}$$

$$T_3(\delta) = \frac{2\pi}{\sqrt{\Omega_3(\delta)}} \sqrt{\frac{EI}{\rho A}} \left(\frac{2\pi}{L}\right)^2, \quad \Omega_3(\delta) = \frac{\omega_s M(\delta)}{4H(\delta)},$$

$$a_3(t) = \frac{H_1(\delta)\cos\xi + H_2(\delta)\cos 3\xi + H_3(\delta)\left(12\delta^2 - 16\right)\cos 5\xi}{H(\delta)}, \quad \xi = \sqrt{\Omega_3(\delta)}\sqrt{\frac{\rho A}{EI}}\left(\frac{L}{2\pi}\right)^2 t \tag{3.58}$$

其中 $M(\delta)$，$H(\delta)$，$H_1(\delta)$，$H_2(\delta)$，$H_3(\delta)$ 列在附录 A 里。

精确周期 $T_e(\delta)$ 可被表示成如下椭圆函数积分形式：

$$T_e(\delta) = \int_0^{\pi/2} \frac{4\mathrm{d}t}{\sqrt{\omega_s\left[\delta^2\left(1 + \sin^2 t\right)/2 - 1\right]}} \tag{3.59}$$

注意到：对于这种振动，由于当 $\delta = \sqrt{2}$ 时，振动轨迹的周期为 $+\infty$，所以振幅满足 $\delta > \sqrt{2}$。各种逼近结果与精确解的相对误差变量可以表示如下：

$$W\text{的相对误差} = \left|\frac{W_e - W_{\mathrm{appr}}}{W_e}\right| \times 100\%, \quad (W_{\mathrm{appr}} = W_1, W_2, W_3) \tag{3.60}$$

其中 W 可以表示周期 T 及无量纲蛇行运动振幅 a。为了便于比较，用表 3.4 中的钻柱数据(Heisig and Neubert, 2000; Tikhonov and Safronov, 2011)作为例子。基于表 3.4 及 $A_0 = 0.5$，下面的无量纲参数可以得到：$\varphi = 0.74063$，$Q = 2.30336$，$\omega_s = 0.17175$。逼近周期及精确周期的比较画在图 3.29 中。进而，对于极限情况，

表 3.4　钻柱的几何和物理参数

变量名称	值	变量名称	值
长度 L/m	27.6	密度 ρ/(kg/m³)	7.86×10^3
外径 R_p/mm	127	弹性模量 E/Pa	2.1×10^{11}
内径 r_p/mm	72.2	单位长度重量/ q(N/m)	714
井径/mm	215.9	钻柱绕自身转动角速度 ω/(rad/s)	16

$$\lim_{\delta \to +\infty} \frac{T_1}{T_e} = 0.978277, \quad \lim_{\delta \to +\infty} \frac{T_2}{T_e} = 0.999318, \quad \lim_{\delta \to +\infty} \frac{T_3}{T_e} = 0.999929 \quad (3.61)$$

从图 3.29 可以发现，对于 $\delta > \sqrt{2}$ ，第二、三阶逼近周期能够给出精确周期的很好的近似。然而，在 δ 接近 $\sqrt{2}$ 时，第一个逼近周期不是很精确。

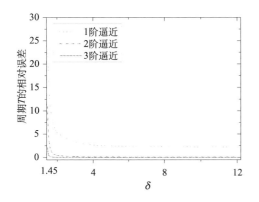

图 3.29　逼近周期与精确周期的比较

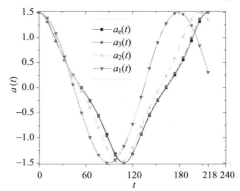

图 3.30　对于 $\delta = 1.5$ ，逼近周期解与精确周期解的比较

对于 $\delta = 1.5$ 和 $\delta = 10$ ，逼近周期解 $a_1(t)$、$a_2(t)$ 和 $a_3(t)$ 与精确周期解 $a_e(t)$ 的比较分别画在图 3.30 和图 3.31 中。正如所观察到的，对于 $\delta > \sqrt{2}$ ，$a_3(t)$ 可以给出 $a_e(t)$ 最好的近似。另外，对于比较大的振幅，$a_2(t)$ 的逼近精度也可以接受。

相应于 $\delta = 1.45$ ，$\delta = 1.5$ ，$\delta = 3$ 逼近解得到的相轨迹与精确解相轨迹分别画在图 3.32~图 3.34 中。这些图展示了第三阶逼近解能给出精确的逼近，甚至对于最大振幅接近 $\sqrt{2}$ 的情况下。

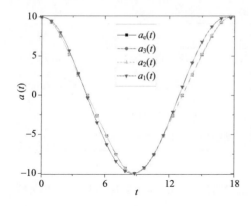

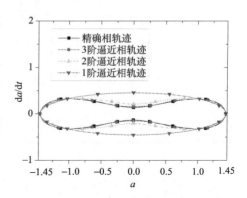

图 3.31 对于 $\delta = 10$，逼近周期解与精确周期解的比较

图 3.32 对于 $\delta = 1.45$，逼近解相轨迹与精确解相轨迹的比较

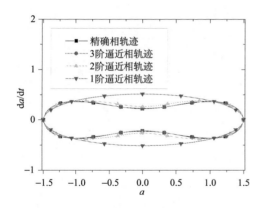

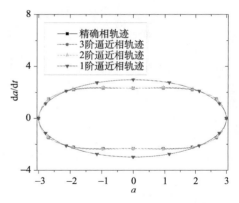

图 3.33 对于 $\delta = 1.5$，逼近解相轨迹与精确解相轨迹的比较

图 3.34 对于 $\delta = 3$，逼近解相轨迹与精确解相轨迹的比较

3.3.3 第二类蛇行运动

对于 $1 < \delta < \sqrt{2}$，系统在稳定平衡点附近 $a = +1$ 产生非对称振动。为方便推导，引进一个新变量 $v = a - 1$，然后将其代入方程 (3.52)，得

$$\frac{\mathrm{d}^2 v}{\mathrm{d}\tau^2} + \omega_s v \left(2 + 3v + v^2\right) = 0, \quad v(0) = \hat{\delta}, \quad \frac{\mathrm{d}v}{\mathrm{d}\tau}(0) = 0 \tag{3.62}$$

其中 $\hat{\delta} = \delta - 1$，相应的系统势能为

$$V(v) = \omega_s \left(v^2 + v^3 + v^4 \big/ 4\right) \tag{3.63}$$

系统在稳定平衡点 $v=0$ 附近、非对称区间 $\left[-\hat{\sigma},\hat{\delta}\right]$ 内振动。注意到，在 $v=-\hat{\sigma}\,(\hat{\sigma}>0)$ 和 $v=\hat{\delta}$ 处，系统具有相同的势能：

$$V(-\hat{\sigma})=V\left(\hat{\delta}\right) \tag{3.64}$$

用方程 (3.63) 和方程 (3.64)，可以解出 $\hat{\sigma}\,(\hat{\sigma}>0)$：

$$\hat{\sigma}=1-\sqrt{1-2\hat{\delta}-\hat{\delta}^2} \tag{3.65}$$

为了得到解析逼近解，引进一个新变量 $\hat{\tau}=\sqrt{\Omega}\tau$，方程 (3.62) 可以重写为

$$\Omega\frac{\mathrm{d}^2 v}{\mathrm{d}\hat{\tau}^2}+\omega_s\left(2v+3v^2+v^3\right)=0,\quad v(0)=\hat{\delta},\quad \frac{\mathrm{d}v}{\mathrm{d}\hat{\tau}}(0)=0 \tag{3.66}$$

根据周期解 $v(\hat{\tau})$ 的特点，可以将其展成傅里叶级数如下，

$$v(\hat{\tau})=\sum_{j=0}^{\infty}h_j\cos[j\hat{\tau}] \tag{3.67}$$

基于谐波平衡逼近的思想，一个合理的初始逼近可以取成

$$v_1(\hat{\tau})=\frac{\hat{\delta}-\hat{\sigma}}{2}+\frac{\hat{\delta}+\hat{\sigma}}{2}\cos\hat{\tau} \tag{3.68}$$

下面 Galerkin 方法将被用来建立解析逼近解。将方程 (3.68) 代入到方程 (3.66) 中，并且将结果方程乘以 $v_1(\hat{\tau})$，然后再对 $\hat{\tau}$ 从 0 到 2π 积分，得

$$\begin{aligned}&\omega_s\left[35\hat{\delta}^4+20\hat{\delta}^3(6-\hat{\sigma})+6\hat{\delta}^2\left(16-12\hat{\sigma}+3\hat{\sigma}^2\right)+4\hat{\delta}\hat{\sigma}\left(-16+18\hat{\sigma}-5\hat{\sigma}^2\right)\right.\\&\left.+\hat{\sigma}^2\left(96-120\hat{\sigma}+35\hat{\sigma}^2\right)\right]-16\left(\hat{\sigma}+\hat{\delta}\right)^2\Omega=0\end{aligned} \tag{3.69}$$

从上式可以得到 Ω 的第一个逼近解，

$$\begin{aligned}\Omega=\omega_s&\left[35\hat{\delta}^4+20\hat{\delta}^3(6-\hat{\sigma})+6\hat{\delta}^2\left(16-12\hat{\sigma}+3\hat{\sigma}^2\right)+4\hat{\delta}\hat{\sigma}\left(-16+18\hat{\sigma}-5\hat{\sigma}^2\right)\right.\\&\left.+\hat{\sigma}^2\left(96-120\hat{\sigma}+35\hat{\sigma}^2\right)\right]\bigg/\left[16\left(\hat{\sigma}+\hat{\delta}\right)^2\right]\end{aligned}$$

$$\tag{3.70}$$

所以，非线性振子周期的第一个逼近解和周期解为

$$T_1(\hat{\delta})=\frac{2\pi}{\sqrt{\Omega_1}}\sqrt{\frac{EI}{\rho A}}\left(\frac{2\pi}{L}\right)^2,\quad a_1(t)=1+\frac{\hat{\delta}-\hat{\sigma}}{2}+\frac{\hat{\delta}+\hat{\sigma}}{2}\cos\hat{\tau},\quad \hat{\tau}=\sqrt{\Omega_1}\sqrt{\frac{\rho A}{EI}}\left(\frac{L}{2\pi}\right)^2 t$$

$$\tag{3.71}$$

接下来，将牛顿法与 Galerkin 法相结合来构造解析逼近解。先将方程进行牛顿线性化，于是，将周期解 v 及频率的平方 Ω 写成如下形式

$$v=v_1+\Delta v_1,\quad \Omega=\Omega_1+\Delta\Omega_1 \tag{3.72}$$

将方程(3.72)代入到方程(3.66)中，并将结果方程对 $(\Delta v_1, \Delta \Omega_1)$ 进行线性化，得

$$\left(\Omega_1 + \Delta \Omega_1\right)\frac{\mathrm{d}^2 v}{\mathrm{d}\hat{\tau}^2} + \Omega_1 \frac{\mathrm{d}^2 \Delta v}{\mathrm{d}\hat{\tau}^2} + \omega_s \left[2\left(v_1 + \Delta v_1\right) + 3\left(v_1^2 + 2v_1 \Delta v_1\right) + v_1^3 + 3v_1^2 \Delta v_1\right] = 0,$$

$$\Delta v_1(0) = 0, \ \frac{\mathrm{d}\Delta v_1}{\mathrm{d}\hat{\tau}}(0) = 0$$

$$(3.73)$$

Δv_1 可取为如下形式，

$$\Delta v_1(\hat{\tau}) = x_1(1 - \cos 2\hat{\tau}) \tag{3.74}$$

将方程(3.74)和方程(3.68)代入到方程(3.73)中，然后再将结果方程分别写成 v_1 和 Δv_1 后，对 $\hat{\tau}$ 从 0 到 2π 积分，得

$$x_1 P_1 - 4\left(\hat{\delta} + \hat{\sigma}\right)^2 \Delta \Omega_1 = 0 \tag{3.75}$$

$$x_1 P_2 - P_3 = 0 \tag{3.76}$$

其中，

$$P_1 = \omega_s \left(-32\hat{\delta} - 60\hat{\delta}^2 - 21\hat{\delta}^3 + 32\hat{\sigma} + 72\hat{\delta}\hat{\sigma} + 27\hat{\delta}^2\hat{\sigma} - 60\hat{\sigma}^2 - 27\hat{\delta}\hat{\sigma}^2 + 21\hat{\sigma}^3\right)$$

$$P_2 = 2\omega_s \left(48 + 72\hat{\delta} + 21\hat{\delta}^2 - 72\hat{\sigma} - 30\hat{\delta}\hat{\sigma} + 21\hat{\sigma}^2 - 32\Omega_1/\omega_s\right)$$

$$P_3 = \omega_s \left(2 + \hat{\delta} - \hat{\sigma}\right)\left(16\hat{\delta} + 7\hat{\delta}^2 - 16\hat{\sigma} - 2\hat{\delta}\hat{\sigma} + 7\hat{\sigma}^2\right)$$

求解方程(3.75)和方程(3.76)，可得

$$T_2(\hat{\delta}) = \frac{2\pi}{\sqrt{\Omega_1 + \Delta \Omega_1}}\sqrt{\frac{EI}{\rho A}}\left(\frac{2\pi}{L}\right)^2, a_2(t) = 1 + \frac{\hat{\delta} - \hat{\sigma}}{2} + \frac{\hat{\delta} + \hat{\sigma}}{2}\cos\hat{\tau} + x_1(1 - \cos 2\hat{\tau}),$$

$$\hat{\tau} = \sqrt{\Omega_1 + \Delta \Omega_1}\sqrt{\frac{\rho A}{EI}}\left(\frac{L}{2\pi}\right)^2 t$$

$$(3.77)$$

相应于方程(3.62)的精确周期为

$$T_e(\hat{\delta}) = \int_0^{\frac{\pi}{2}} \frac{2\mathrm{d}t}{\sqrt{\omega_s\left[2 + \hat{\delta}\left(3 - \cos 2t + 2\sin t\right)\big/\left(\cos t/2 + \sin t/2\right)^2 + \hat{\delta}^2\left(1 + \sin^2 t\right)\big/2\right]}}$$

$$+ \int_0^{\frac{\pi}{2}} \frac{2\mathrm{d}t}{\sqrt{\omega_s\left[2 - \hat{\sigma}\left(3 - \cos 2t + 2\sin t\right)\big/\left(\cos t/2 + \sin t/2\right)^2 + \hat{\sigma}^2\left(1 + \sin^2 t\right)\big/2\right]}}$$

$$(3.78)$$

钻柱的几何和物理参数仍然由表 3.4 给出，$A_0 = 0.5$。于是，无量纲参数为 $\varphi = 0.74063$，$Q = 2.30336$，$\omega_s = 0.17175$。对于 $1 < \delta < \sqrt{2}$，逼近周期及精确周期的比较画在图 3.35 中。进而，对于极限情况，有

$$\lim_{\delta \to +1} \frac{T_1}{T_e} = \lim_{\delta \to +1} \frac{T_2}{T_e} = 1.00000 \tag{3.79}$$

从图 3.35 可以发现，对于 $1 < \delta < \sqrt{2}$，第二阶逼近周期能够给出精确周期的很好的近似。然而，在 δ 接近 $\sqrt{2}$ 时，第一个逼近周期不是很精确。另外，如果想提高逼近精度，可以构造更高阶逼近解，但是其式子将会很长。

为了更直观理解，将振幅取固定值，把两种蛇行运动展示在图 3.36 中。对于 $\delta = 1.45 > \sqrt{2}$，周期解振动是对称的并且通过三个平衡点，钻柱从左边移动到右边，对应于第二类蛇行运动。对于 $\delta = 1.35 < \sqrt{2}$，非对称振动发生在稳定平衡点 $a = +1$ 附近，钻柱只能在一边从上到下运动，而不能从一边运动到另一边，对应于第一类蛇行运动。

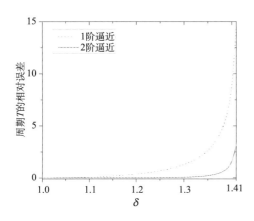

图 3.35 逼近周期与精确周期的比较

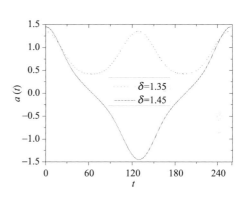

图 3.36 两类蛇行运动图

对于 $0 < \delta < 1$，振动形式与以 $v(0) = \tilde{\delta} = \sqrt{2 - \delta^2}$，$\dfrac{\mathrm{d}v}{\mathrm{d}\hat{\tau}}(0) = 0$ 为初值的振动一样。其中 $\tilde{\delta}$ 可以由 $V(\tilde{\delta}) = V(\delta)$ 得到。注意到 $0 < \delta < 1$，其与 $1 < \tilde{\delta} < \sqrt{2}$ 等价。然而，对于 $1 < \tilde{\delta} < \sqrt{2}$ 的情形，相应的解析逼近周期及周期解的构造过程，已经介绍过了，不再赘述。平衡点 $a = -1$ 附近的周期振动与在 $a = +1$ 处的相类似，也不再赘述。如要研究振幅在 $-\sqrt{2} < \delta < -1$ 和 $-1 < \delta < 0$ 的振动，以上的研究结果可以直接推广过来。最后，对于 $\omega_s < 0$ 情形，解析逼近解很容易用 3.3.2 节的过程构造。

本章对于钻柱屈曲问题：不包含摩擦力的模型，构造了解析逼近解；对于含有摩擦力影响的模型，应用扩展系统打靶方法给出了数值解。所构造的解析逼近

解在很大范围内都能有很高的精度。通过针对不同钻柱壁厚及不同钻井环空分析钻井系统参数对于钻柱屈曲稳定性的影响，发现随着壁厚增加钻柱屈曲加剧，而环空增加(钻柱外径减小)钻柱屈曲形状变化也增大。对于钻柱动力学问题：水平井振动模型，提出了解析逼近解，此解较椭圆积分解更容易应用。然而实际的钻柱屈曲及动力学问题远比此章的模型复杂，笔者以后的研究工作就是要努力建立更加符合实际的钻柱动力学模型，分析技术研究钻柱的动力学行为，从而能为减少钻井事故提供必要的理论基础。

第4章 钻柱系统屈曲稳定性实例分析

4.1 某科学钻井钻孔结构设计方案介绍

某科研井井深结构如图 4.1 所示。在不完整、倾斜和破碎带地层钻进，超前裸眼取心方法由于钻头钻柱直径较小，在井底回转不稳定，容易井斜，且发生井斜时不容易纠斜。本方案采用常规取心钻井方法。三开，采用川 8-3 取心钻具

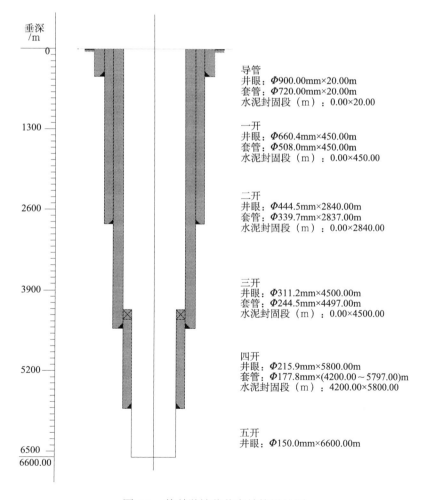

图 4.1 某科学钻井井身结构设计图

(Φ215.9mm 取心钻头+QXZ180-105 取心筒)进行取心作业,当钻井中出现泵压居高不下(取心井眼段深太长,泥浆沿程损失大导致)、起下钻遇阻不畅通(取心井眼段井壁不稳定或泥浆适应性差导致)或其他原因使钻进出现异常时,下 Φ311.1mm 扩眼钻头进行扩眼作业,扩眼到井底,再用 Φ215.9mm 取心钻头进行取心作业,下 Φ244.5mm 套管固井。四开,继续用 Φ215.9mm 取心钻头+Φ180×105 取心筒,达到一定深度下 Φ177.8mm 套管,固井。五开,用 Φ150mm 取心钻头+Φ139.7×105 取心筒,同样,当出现泵压居高不下、起下钻遇阻不畅通或其他异常情况时,下 Φ171.4mm 扩眼钻头进行扩眼作业,扩眼到井底,再用 Φ150mm 取心钻头进行取心作业,一直钻进到设计井深。具体井深结构设计数据及说明见表4.1和表4.2。

表 4.1　井身结构设计数据表

开钻次序	钻头尺寸×井深 /mm×m	套管尺寸×下深 /mm×m	套管下入地层层位	环空水泥浆返深 /m	备注
一开	Φ660.4×450	Φ508×450	四方台组	450	插入式固井
二开	Φ444.5×2840	Φ339.7×2837	登二段	2840(1.5g/cm³)	插入式固井
三开	Φ311.2×4500	Φ244.5×4497	沙河子组	4500 (1.6g/cm³)	钻深及套管下入视现场情况定
四开	Φ215.9×5800	Φ177.8×(4200~5797)	火石岭组	5800(1.8g/cm³)	
五开	Φ150×6600	—	—		

注:三开、四开钻深及套管下入深度要视钻进情况而定,表中为预设深度。

表 4.2　井身结构设计说明

开钻次序	套管尺寸/mm	设计说明
一开	508.0	表层套管下入四方台组55m,考虑安装的套管头能够承受套管柱重量
二开	339.7	技术套管I是封固青山口组易坍塌的裂缝性泥岩地层,重点考虑在三开井段要全段连续取心,适应频繁起下钻设计,进入登二段25m固井
三开	244.5	技术套管II是根据超前裸眼钻进情况而定,重点考虑井壁稳定性
四开	177.8	套管II根据超前裸眼钻进情况定,重点考虑井壁稳定性。按照设计井深6600m需要,井身结构按6600设计,具体深度据实钻层位深度确定
五开		

4.2　某科学钻井设计方案简介

建井主要分为三个阶段:

阶段 I:从 9-5/8" 技术套管开钻;

4500~5800m 井段的套管头 Φ215.9/100mm；

井身结构：0~4500m 井段的技术套管 Φ244.5mm，4500~5800m 井段的裸眼 Φ215.9mm。

阶段 Ⅱ：下 7" 尾管，长 1600m，下达深度 5800m；

井身结构：0~4500m 井段的技术套管 Φ244.5mm，4500~5800m 井段的裸眼 Φ215.9mm。

阶段 Ⅲ：从 7"尾管开钻，在 5800~6600m 井段的套管头 Φ150/70 mm；

井身结构：0~4200m 井段的技术套管 Φ244.5mm；Φ177.8mm 尾管，长 1600m 下入井段 4200~5800m；5800~6600m 井段的裸眼井筒 Φ215.9mm。

4.2.1　阶段 I 在设计井深 5800m 用涡轮-转盘钻进的钻柱组合

在阶段 I，即设计井深 5800m 时，用涡轮-转盘钻进的钻柱组合。具体下部钻柱组合见表 4.3。整个井深钻柱组合见表 4.4，钻柱组合示意图见图 4.2。井深 5800m 时，带取心的钻井参数见表 4.5。

表 4.3　在设计井深 5800m 时下部钻柱组合

下部钻柱组合的元件名称	重量/kg	长度/m	直径/mm
1. 套管头 Φ215.9 /100	40	0.7	215.9
2. 取心筒 LSC - 178/101	3000	18.4	178.0
3. 6.5″带 0-1 度的过渡心轴	1320	7.6	172.0
4. 加重钻杆 6.5″	2620	18.0	171.5
5. 加重钻杆 6.5″	780	5.3	171.5
6. 加重钻杆 6.5″	5240	36.0	171.5
7. HWDP-5"×3″	4000	54.0	127.0

注：下部钻柱组合重量(215,9/100)合计为 17.0t；长度为 140m。

表 4.4　在设计井深 5800m 时钻柱组合方案

钻具方案	下部钻柱组合	钻杆柱组合					钻柱组合总重量/t
		型号性能	外径/mm	内径/mm	重量/(kg/m)	长度/m	
钢钻杆组合	如表 4.3 所示	S135	127	108.6	34.8	4500	224.3
			127	101.6	44.1	1160	
钢与铝合金钻杆组合	如表 4.3 所示	147×13P, AK4-1T1	147	121	25.0	3460	109.0
		147×13P, 1953T1	147	121	25.0	2000	
		S135	127	108.6	34.8	200	

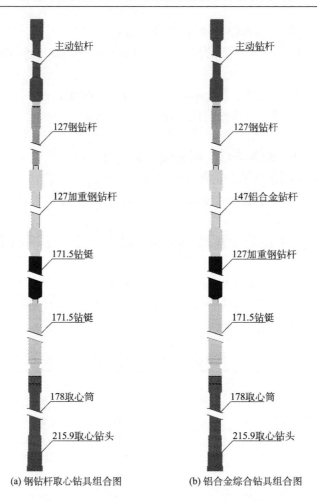

(a) 钢钻杆取心钻具组合图　　　　(b) 铝合金综合钻具组合图

图 4.2　某科学钻井设计深度 5800m 的钻具组合图

表 4.5　在设计深度 5800m 带取心的钻井参数

项目	参数	项目	参数
钻井方法	涡轮-转盘	钻井液密度	1100kg/m³
岩石破碎工具钻头	Φ215.9/100mm	泥浆泵排量	15L/s
机械钻速	9.0m/h	钻井液流变类型	黏塑型
钻柱转数	60r/min	钻头喷嘴面积	5.29cm²
钻压	80kN	最高地层温度	220.4℃
钻头扭矩	1.8kN·m		

4.2.2　阶段 II 在设计井深 5800m 下尾管方案

设计井深 5800m 时，在第 2 阶段下尾管方案如表 4.6 所示。

表 4.6　在阶段 II 下尾管方案

钻具方案	下部钻柱组合	钻杆柱组合					尾管参数					钻柱组合重量 /t
		型号性能	外径/mm	内径/mm	重量/(kg/m)	长度/m	型号性能	外径/mm	内径/mm	重量/(kg/m)	长度/m	
钢钻杆组合	见表 4.3	S135	127	108.6	34.8	4500	L-80	177.8	157.1	52.1	1600	238.9
			127	101.6	44.1	1160						
钢与铝合金钻杆组合	见表 4.3	147×13P, AK4-1T1	147	121	25.0	3460	L-80	177.8	157.1	52.1	1600	188.4
		147×13P, 1953T1	147	121	25.0	2000						
		S135	127	108.6	34.8	200						

4.2.3　阶段 III 5800~6600m 的钻柱组合方案

阶段 III 5800~6600m 的下部钻具组合方案见表 4.7。整个井深钻具方案如表 4.8，其钻具组合图如图 4.3 所示，其中(a)图表示钢钻杆钻具组合图，(b)图表示钢和铝合金钻杆组合图。

表 4.7　5800~6600m 的下部钻具组合方案

下部钻柱组合的元件名称		重量/kg	长度/m	直径/mm
1. 钻头	Φ150 /70	30	0.5	150
2. 取心筒	LSC - 133/71	1020	9.5	133.0
3. 加重钻杆	5.5"×3 5/8"	3100	40.0	139.7
4. 加重钻杆	5"	750	10	127.0
5. 加重钻杆	5.5"×3 5/8"	3100	40.0	139.7

注：下部钻柱组合重量(150/70)合计为 8.0t；长度为 100m。

表 4.8　5800~6600m 的钻柱组合方案

钻具方案	下部钻柱组合	钻杆柱组合					钻柱组合总重量/t
		型号性能	外径/mm	内径/mm	重量/(kg/m)	长度/m	
钢钻杆组合	见表 4.7	S135	88.9	70.2	23.3	2500	214.7
			127	108.6	34.8	3000	
			127	101.6	44.1	1000	
钢与铝合金钻杆组合	见表 4.7	S135	88.9	70.2	23.3	1000	109.0
		103×13P, AK4-1T1	103	81	13.3	1500	
		147×13P, AK4-1T1	147	121	25.0	1000	
		147×13P, 1953T1	147	121	25.0	2800	
		S135	127	88	34.8	200	

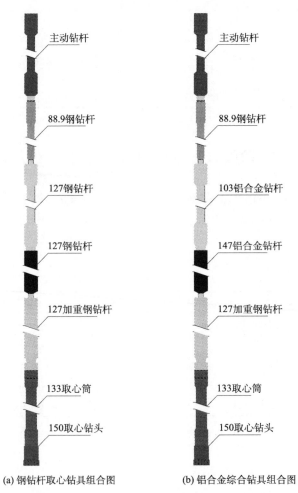

(a) 钢钻杆取心钻具组合图　　　　(b) 铝合金综合钻具组合图

图 4.3　某科学钻井 5800~6600m 的钻具组合图

4.3　某科学钻井钻柱系统屈曲稳定性分析

由于本节主要目的是分析下部钻具系统的屈曲稳定性,而两种方案(即钢钻杆钻柱组合方案及铝合金钻柱组合方案)的下部钻具组合是相同的,所以我们只需分析一次。

4.3.1　阶段 I 设计井深 5800m 下部钻具系统屈曲稳定性分析

为了简化计算及应用受约束管柱的钻柱屈曲模型,我们提取下部钻柱系统参数如下:$\bar{\mu}=0.4$,$r=0.02225\text{m}$,$L=140\text{m}$,$q=1190\text{N/m}$,$EI=8.21797\times10^6\text{N}\cdot\text{m}^2$,即 $J=0.000998578$,$\mu=0.000399431$,$\bar{q}=1.60187$。对应于最低临界荷载解分支,将端部力取 $p=0\text{kN}$,应用打靶法计算的螺旋角 θ、接触压力 W_n、摩擦力 f 分别画在图 4.4~图 4.6 中;钻柱变形形状画在图 4.7 中。其中 $s\in[0,140]$,零点在下部钻具上端,即中和点。

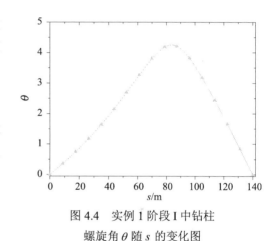

图 4.4　实例 1 阶段 I 中钻柱
螺旋角 θ 随 s 的变化图

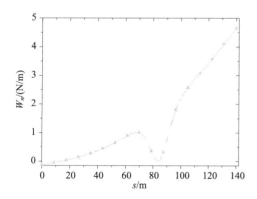

图 4.5　实例 1 阶段 I 中钻柱井壁间接触力 W_n
随 s 的变化图

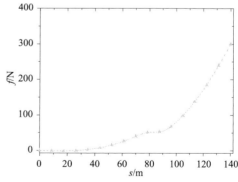

图 4.6　实例 1 阶段 I 中钻柱井壁间摩擦力 f
随 s 的变化图

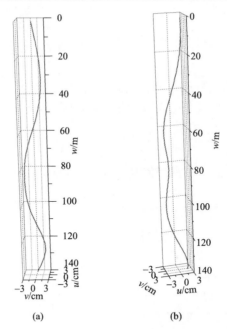

图 4.7　实例 1 阶段 I 中下部钻柱的屈曲构型变化图

通过这些图可以很直观地看出物理量的变化规律，随着井深增加，钻柱螺旋角、钻柱与井壁间的接触力及摩擦力、钻柱的屈曲变形性状都在不同程度地增加。若要减少变形，增加钻柱的承载能力，就要在适当位置增加稳定器，使其起到支座的作用，减小井斜。

4.3.2　阶段 III 设计井深 5800~6600m 的下部钻具稳定性分析

为了简化计算及应用受约束管柱的钻柱屈曲模型，我们提取下部钻柱系统参数如下：$\bar{\mu}$=0.4，r=0.00515m，L=100m，q=784N/m，EI=1.84758×10⁶N•m²，即 J=3.23584×10⁻⁴，μ=1.29434×10⁻⁴，$\bar{q}$=1.71069。对应于最低临界荷载解分支，将端部力取 p = 0kN，应用打靶法计算的螺旋角 θ、接触压力 W_n、摩擦力 f 分别画在图 4.8～图 4.10 中；钻柱变形形状画在图 4.11 中。其中 $s \in [0,100]$，零点在下部钻具上端，即中和点。

通过这些图可以很直观地看出物理量的变化规律，随着井深增加钻柱螺旋角、钻柱与井壁间的接触力及摩擦力、钻柱的屈曲变形性状都在不同程度地增加。同时可以看出，由于下部钻具自重的减轻，钻柱屈曲变形与阶段 I 相比有所减小，但是也很大，很不稳定，若要正常安全钻井作业，需要增加稳定器来维持钻柱系统的稳定性。

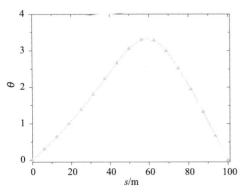

图 4.8　实例 1 阶段 III 中钻柱螺旋角 θ 随 s 的
变化图

图 4.9　实例 1 阶段 III 中钻柱井壁间接触力
W_n 随 s 的变化图

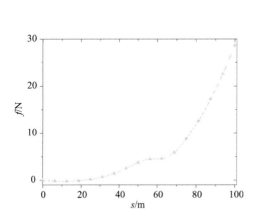

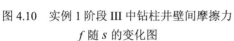

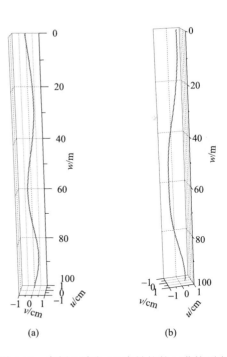

图 4.10　实例 1 阶段 III 中钻柱井壁间摩擦力
f 随 s 的变化图

图 4.11　实例 1 阶段 III 中钻柱的屈曲构型变
化图

4.4　采用孕镶金刚石取心钻头的钻柱屈曲实例分析

本节主要目的是研究：当采用孕镶金刚石取心钻头时，给定钻头尺寸（即井直径给定，钻头压力给定），选取同一外径钻柱，来分析钻柱壁厚对于钻柱屈曲稳定性的影响。给定孕镶金刚石取心钻头直径 $D=150\text{mm}$，钻头处压力 $p=50\text{kN}$，钻柱外径 $d=127\text{mm}$。

4.4.1　取壁厚 $\delta=34.9\text{mm}$ 的钻柱进行稳定性分析

经过简单的计算可推得此时钻柱的长度约为 $L=75\text{m}$。下部钻柱系统其他参数如下：摩擦系数 $\bar{\mu}=0.4$，钻井环空 $r=0.0115\text{m}$，钻柱在钻井液中的比重 $q=653\text{N/m}$，$EI=2.57131\times10^6\text{N·m}^2$，即无量纲参数 $J=9.63134\times10^{-4}$，$\mu=3.85253\times10^{-4}$，$\bar{q}=0.432398$。应用受约束管柱的钻柱屈曲模型，对应于最低临界荷载解分支，端部力 $p=0\text{kN}$（即下部钻具上端为中和点），应用打靶法计算的螺旋角 θ、接触压力 W_n、摩擦力 f 分别画在图 4.12～图 4.14 中；钻柱变形形状画在图 4.15 中。

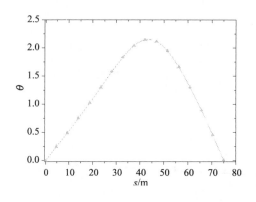
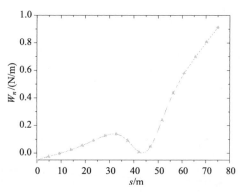

图 4.12　实例 2 中 $\delta=34.9\text{mm}$ 的钻柱螺旋角　　　图 4.13　实例 2 中 $\delta=34.9\text{mm}$ 的钻柱井壁间
　　　　　　θ 随 s 的变化图　　　　　　　　　　　　　　接触力 W_n 随 s 的变化图

4.4.2　取壁厚 $\delta=25.4\text{mm}$ 的钻柱进行稳定性分析

经过简单的计算可推得此时钻柱的长度约为 $L=95\text{m}$。下部钻柱系统其他参数如下：摩擦系数 $\bar{\mu}=0.4$，钻井环空 $r=0.0115\text{m}$，钻柱在钻井液中的比重 $q=524\text{N/m}$，$EI=2.33412\times10^6\text{N·m}^2$，即无量纲参数 $J=7.60596\times10^{-4}$，$\mu=3.04238\times$

10^{-4}，$\bar{q}=0.877973$。应用受约束管柱的钻柱屈曲模型，对应于最低临界荷载解分支，端部力 $p=0\mathrm{kN}$（即下部钻具上端为中和点），应用打靶法计算的螺旋角 θ、接触压力 W_n、摩擦力 f 分别画在图 4.16～图 4.18 中；钻柱变形形状画在图 4.19 中。

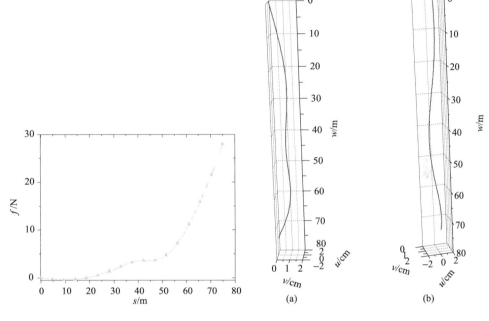

图 4.14　实例 2 中 $\delta=34.9\mathrm{mm}$ 的钻柱井壁间
摩擦力 f 随 s 的变化图

图 4.15　实例 2 中 $\delta=34.9\mathrm{mm}$ 的钻柱的屈曲
构型变化图

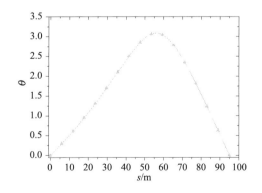

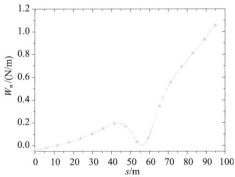

图 4.16　实例 2 中 $\delta=25.4\mathrm{mm}$ 的钻柱螺旋角
θ 随 s 的变化图

图 4.17　实例 2 中 $\delta=25.4\mathrm{mm}$ 的钻柱井壁间
接触力 W_n 随 s 的变化图

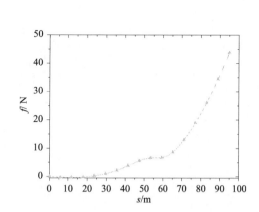

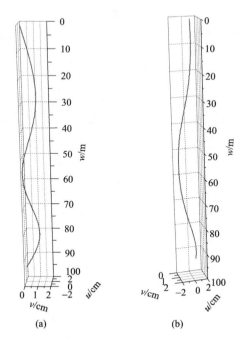

图 4.18　实例 2 中 $\delta = 25.4$mm 的钻柱井壁间　　图 4.19　实例 2 中 $\delta = 25.4$mm 的钻柱的
　　　　摩擦力 f 随 s 的变化图　　　　　　　　　　　屈曲构型变化图

　　根据某科研井钻孔结构设计方案、钻井设计方案，采用第 3 章的模型，对于此科研井的钻柱组合实例进行了下部钻柱屈曲稳定性分析，发现随着井深增加，钻柱螺旋角、钻柱与井壁间的接触力及摩擦力、钻柱的屈曲变形形状都在不同程度地增加。若要减少变形，增加钻柱的承载能力，就要在适当位置增加稳定器，使其起到支座的作用，减小井斜。稳定器所加的位置可有两种选择：若要不改变此钻柱的承载情况，就在螺旋角为零处添加扶正器；还可在螺旋角极值点处添加，此时要重新计算钻柱系统的屈曲临界压力情况。然后分析了孕镶金刚石取心钻头的钻具组合屈曲实例，发现，钻柱外径一定时，壁厚越薄，由于钻柱长度较长，弯曲刚度较小，所以钻柱越容易产生屈曲破坏。

第5章 井内弹簧钻柱及简支温湿钻柱力学模型研究

垂直井示意图如图 5.1 所示，取一段钻柱进行研究：忽略钻井液、井壁、摩擦、钻柱自重及扭矩的影响，取钻柱屈曲的一个半波长的力学模型简化成如图 5.2 所示的弹簧钻柱模型(即两端边界条件假定为旋转弹簧支撑的钻柱力学模型)及如图 5.3 所示的简支温湿钻柱模型(即端部条件为简支的温湿载荷作用下的钻柱力学模型)。本章就是要集中研究简化后的钻柱屈曲模型在温度载荷下的后屈曲变形问题。将通过应用 Galerkin 方法与牛顿-谐波平衡方法建立显式的解析逼近解，并与已知结果相比较，给出新逼近解的有效性及精确性。

图 5.1 垂直井示意图

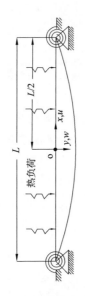

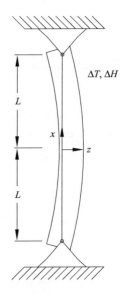

图 5.2　弹簧钻柱模型屈曲的示意图　　　　图 5.3　简支温湿钻柱模型屈曲的示意图

5.1　井内弹簧钻柱力学模型屈曲分析

本节主要研究弹簧钻柱的热后屈曲变形问题。最小势能原理用于简化变量得到单自由度横向位移变量的四阶微-积分控制方程。基于此非线性方程,通过选取适当的容许横向位移函数及应用 Galerkin 方法,显式的解析逼近解得以建立。通过与打靶方法得到的数值解 (Seydel, 1994)及 Rao 等(2012)得到的逼近解相比较,新逼近解的有效性及精确性得以验证。

5.1.1　控制方程及其求解

本节将应用最小势能原理推导弹簧钻柱的控制方程,然后应用解析逼近及打靶法求解。弹簧钻柱的示意图如图 5.2 所示,其几何及自然边界条件为 (Rao et al., 2012)

$$w(\pm L/2) = 0 \tag{5.1}$$

$$\left(EI\frac{\mathrm{d}^2 w}{\mathrm{d}x^2} + K\frac{\mathrm{d}w}{\mathrm{d}x} \right)\bigg|_{x=\pm L/2} = 0 \tag{5.2}$$

对称条件:

$$\frac{\mathrm{d}w}{\mathrm{d}x}(0) = \frac{\mathrm{d}^3 w}{\mathrm{d}x^3}(0) = 0 \tag{5.3}$$

其中 L、E、$I = Ar^2$、K 及 w，分别代表钻柱长、杨氏模量、惯性矩、旋转弹簧刚度以及作为轴向坐标 x 函数的横向位移，$x \in [0, L/2]$。A 表示横截面积，r 是回转半径。由于钻柱轴向端部的限制，对于钻柱的大变形情形，von-Karman 型非线性必须予以考虑，所以应变位移关系为

$$\varepsilon_x = u_x + \frac{1}{2} w_x^2 \tag{5.4}$$

在式(5.4)中，u 代表轴向位移。由于对称性，关于 u 的边界条件为

$$u(0) = u(L/2) = 0 \tag{5.5}$$

把式(5.4)两边同时乘以 EA，对于均匀钻柱 E 及 A 假定为常数，于是得到

$$P^* = EA\varepsilon_x = EA\left(u_x + \frac{1}{2} w_x^2\right) \tag{5.6}$$

对于钻柱模型，P^* 为常数以满足轴向力的平衡。在区间 $x \in [0, L/2]$ 上，积分式(5.6)，并应用条件(5.5)，得到

$$P^* = \frac{EA}{L} \int_0^{L/2} w_x^2 \, \mathrm{d}x \tag{5.7}$$

接下来，最小势能原理将被用来建立相应的控制方程。由于对称性，对于大变形情形，右半段钻柱的应变能 U 为 (Rao et al., 2012)

$$U = \frac{EA}{2} \int_0^{L/2} \left(u_x + \frac{1}{2} w_x^2\right)^2 \mathrm{d}x + \frac{EI}{2} \int_0^{L/2} w_{xx}^2 \mathrm{d}x + \frac{K}{2} w_x^2 \big|_{x=L/2} \tag{5.8}$$

其包含拉伸应变能、弯曲应变能及旋转弹簧的弹性势能。均匀压力 P 所做的功 W_p 为

$$W_p = \frac{P}{2} \int_0^{L/2} w_x^2 \mathrm{d}x \tag{5.9}$$

其中 P 用以平衡由于温度升高而产生的伸长，即

$$P = EA\alpha\Delta T \tag{5.10}$$

式中，α 是线性温度伸展系数。

总能量 Π 可写为

$$\Pi = U - W = \frac{EA}{2} \int_0^{L/2} \left(u_x + \frac{1}{2} w_x^2\right)^2 \mathrm{d}x + \frac{EI}{2} \int_0^{L/2} w_{xx}^2 \mathrm{d}x + \frac{K}{2} w_x^2 \big|_{x=L/2} - \frac{P}{2} \int_0^{L/2} w_x^2 \mathrm{d}x \tag{5.11}$$

根据最小势能原理，弹簧钻柱的平衡要求 $\delta\Pi = 0$。应用式(5.1)~式(5.3)，式(5.5)~式(5.7)，得

$$\delta\Pi = \delta U - \delta W$$

$$= EA\int_0^{L/2}\left(u_x + \frac{1}{2}w_x^2\right)\cdot\delta\left(u_x + \frac{1}{2}w_x^2\right)dx + EI\int_0^{L/2}w_{xx}\delta w_{xx}dx$$

$$+ Kw_x\delta w_x\big|_{x=L/2} - P\int_0^{L/2}w_x\delta w_x dx$$

$$= EA\left\{\left(u_x + \frac{1}{2}w_x^2\right)\delta u\Big|_0^{L/2} - \int_0^{L/2}(u_{xx} + w_x w_{xx})\delta u dx + \left(u_x + \frac{1}{2}w_x^2\right)w_x\delta w\Big|_0^{L/2}\right.$$

$$\left. - \int_0^{L/2}\left[\left(u_x + \frac{1}{2}w_x^2\right)w_x\right]'\delta w dx\right\} + EI\left[(w_{xx}\delta w_x - w_{xxx}\delta w)\big|_0^{L/2} + \int_0^{L/2}w_{xxxx}\delta w dx\right]$$

$$+ Kw_x\delta w_x\big|_0^{L/2} - P\left(w_x\delta w\big|_0^{L/2} - \int_0^{L/2}w_{xx}\delta w dx\right)\right]$$

$$= -EA\int_0^{L/2}(u_{xx} + w_x w_{xx})\delta u dx + \int_0^{L/2}\left\{w_{xxxx} + \left[P - \frac{EA}{L}\int_0^{L/2}w_x^2 dx\right]w_{xx}\right\}\delta w dx$$

$$(5.12)$$

控制方程可被推导为

$$u_{xx} + w_x w_{xx} = 0 , \quad x \in (0, L/2) \tag{5.13}$$

$$EIw_{xxxx} + \left[P - \frac{EA}{L}\int_0^{L/2}w_x^2 dx\right]w_{xx} = 0 , \quad x \in (0, L/2) \tag{5.14}$$

在式 (5.13) 和式 (5.14) 中, u 和 w 是耦合在一起的。基于式 (5.1)~式 (5.3), 弹簧钻柱的无量纲控制方程及边界条件可表达如下:

$$W^{IV} + \left[\lambda - \frac{1}{\pi}\int_0^{\pi/2}(W')^2 ds\right]W'' = 0 , \quad s \in (0, \pi/2) \tag{5.15}$$

$$W(\pi/2) = 0 \tag{5.16}$$

$$(W'' + \gamma W')\big|_{s=\pi/2} = 0 \tag{5.17}$$

$$W'(0) = W'''(0) = 0 \tag{5.18}$$

其中,

$$W' = \frac{d}{ds} , \quad W = \frac{w}{r} , \quad s = \frac{\pi x}{L} , \quad \gamma = \frac{KL}{EI\pi} , \quad \lambda = \frac{PL^2}{EI\pi^2}$$

要得到上述非线性控制方程的精确解是不可能的, 所以本节将应用 Galerkin 方法推导该问题的解析逼近解。

首先, 位移函数 $W(s)$ 可假设为如下形式:

$$W = a \cdot Z(s) \tag{5.19}$$

其中 a [相应于文献(Rao et al., 2012)中的 a/r]为正规化的最大横向位移, 即

$$W(0) = a \cdot Z(0) = a \tag{5.20}$$

简便起见, 并不失一般性, 令 $Z(0) = 1$。式(5.15)~式(5.18)的显式解析逼近解将依赖于 a。一个合理、简单且满足 $Z(0) = 1$ 及式(5.18)的 $Z(s)$ 取为

$$Z(s) = 1 + C\left[\cos(s) - 1\right] + F\left[\cos(2s) - 1\right], \quad s \in (0, \pi/2) \tag{5.21}$$

其中 C 与 F 为待定系数。利用边界条件(5.16)及(5.17), $Z(s)$ 可被重写为

$$Z(s) = \frac{1}{2(2+\gamma)}\left[\gamma + 4\cos(s) + \gamma\cos(2s)\right] \tag{5.22}$$

利用式(5.19)与式(5.22), $W(s)$ 为

$$W(s) = \frac{a}{2(2+\gamma)}\left[\gamma + 4\cos(s) + \gamma\cos(2s)\right] \tag{5.23}$$

把式(5.23)代入式(5.15)中, 并将结果方程两端同时乘以 $Z(s)$ [式(5.22)中], 然后对 s 从 0 到 $\pi/2$ 积分, 得

$$4\left[20\gamma + 3\pi\left(1 + \gamma^2\right)\right] + \frac{a^2\left[32\gamma + 3\pi\left(4 + \gamma^2\right)\right]^2}{12\pi(2+\gamma)^2} - \left[32\gamma + 3\pi\left(4 + \gamma^2\right)\right]\lambda = 0 \tag{5.24}$$

解式(5.24)可得无量纲的后屈曲载荷:

$$\lambda_{\mathrm{p}} = \frac{4\left[20\gamma + 3\pi\left(1 + \gamma^2\right)\right]}{32\gamma + 3\pi\left(4 + \gamma^2\right)} + \frac{a^2\left[32\gamma + 3\pi\left(4 + \gamma^2\right)\right]}{12\pi(2+\gamma)^2} \tag{5.25}$$

其为旋转弹簧刚度 γ 的显式函数。

为了下一小节比较解析逼近解的精确度, 该问题的数值解由打靶方法(Seydel, 1994; Yu et al., 2012)得到。为了能够应用打靶法, 首先将式(5.15)~式(5.18)转化成如下系统:

$$W^{\mathrm{IV}} + \left(\lambda - \zeta\right)W'' = 0 \tag{5.26}$$

$$\varphi' = \frac{\left(W'\right)^2}{\pi\zeta} \tag{5.27}$$

$$W(0) = a, \quad W''(0) = \xi, \quad W'(0) = W'''(0) = \varphi(0) = W(\pi/2) = \left(W'' + \gamma W'\right)\big|_{s=\pi/2} = 0 \tag{5.28}$$

其中,

$$\varphi(s) = \frac{1}{\pi\zeta}\int_0^s \left(W'\right)^2 \mathrm{d}t, \zeta = \frac{1}{\pi}\int_0^{\pi/2}\left(W'\right)^2\mathrm{d}s$$

然后执行打靶迭代程序求得该问题数值解，对于打靶求解的详细过程请读者参看文献 Yu 等(2012)。

5.1.2 结果与讨论

本部分中，通过与文献 Rao 等(2012)及打靶得到的数值解相比较，阐述所提出解析逼近解的有效性。用 λ_e/λ_L、λ_p/λ_L 及 λ_R/λ_L 分别记做由打靶法得到的、本书提出的、文献 Rao 等(2012)提出的后屈曲载荷与临界屈曲载荷的比值。其中 λ_L 为相应线性问题无量纲的精确临界屈曲载荷。各种方法得到的后屈曲载荷与临界屈曲载荷的比值通过表 5.1～表 5.3 来比较。从这些表格可以看出，新提出的逼近解能够给出数值解的非常高的逼近精度，甚至在非常大的变形情况下($a = 3.0$)。而文献 Rao 等(2012)的结果在振幅比率较大的情况下精度较差。

表 5.1 后屈曲载荷的比较 $\gamma = 0$

a	λ_e/λ_L	λ_p/λ_L	λ_R/λ_L
0.0	1.0000	1.0000	1.0013
0.2	1.0100	1.0100	1.0114
0.4	1.0400	1.0400	1.0416
0.6	1.0900	1.0900	1.0920
0.8	1.1600	1.1600	1.1626
1.0	1.2500	1.2500	1.2533
2.0	2.0000	2.0000	2.0092
3.0	3.2500	3.2500	3.2690

表 5.2 后屈曲载荷的比较 $\gamma = 10^5$

a	λ_e/λ_L	λ_p/λ_L	λ_R/λ_L
0.0	1.0000	1.0000	1.0639
0.2	1.0025	1.0025	1.0663
0.4	1.0100	1.0100	1.0738
0.6	1.0225	1.0225	1.0861
0.8	1.0400	1.0400	1.1034
1.0	1.0625	1.0625	1.1256
2.0	1.2500	1.2500	1.3109
3.0	1.5625	1.5625	1.6197

表 5.3　后屈曲载荷的比较 $\gamma = 5$

a	$\lambda_{\mathrm{e}}/\lambda_{\mathrm{L}}$	$\lambda_{\mathrm{p}}/\lambda_{\mathrm{L}}$	$\lambda_{\mathrm{R}}/\lambda_{\mathrm{L}}$
0.0	1.0000	1.0030	1.0412
0.2	1.0030	1.0059	1.0442
0.4	1.0118	1.0148	1.0531
0.6	1.0266	1.0296	1.0679
0.8	1.0472	1.0503	1.0887
1.0	1.0738	1.0768	1.1155
2.0	1.2951	1.2984	1.3385
3.0	1.6640	1.6678	1.7101

　　图 5.4 展示了对于某些 γ 指定值, 无量纲最大挠度 a 对于后屈曲载荷逼近解 $\lambda_{\mathrm{p}}/\lambda_{\mathrm{L}}$ 的影响规律。从图中不难看出, 后屈曲载荷随着 a 的增加而增加, 但是随着 γ 的增加而减少。

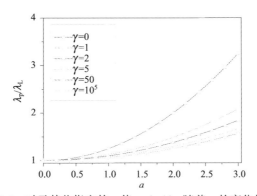

图 5.4　对于某些指定的 γ 值, $\lambda_{\mathrm{p}}/\lambda_{\mathrm{L}}$ 随着 a 的变化规律

　　为了进一步阐述新逼近解的有效性, 该问题横向位移的逼近解与数值解的绝对误差定义如下:

$$\text{Error of } W_{\mathrm{appr}} = \left| W_{\mathrm{appr}}(s) - W_{\mathrm{e}}(s) \right|, \quad s \in [0, \pi/2] \tag{5.29}$$

其中 $W_{\mathrm{appr}}(s) = W_{\mathrm{p}}(s)$ 或 $W_{\mathrm{R}}(s)$, W_{e}、W_{p} 及 W_{R} 分别代表打靶法的数值解、本书提出的逼近解及文献 Rao 等(2012)提出的逼近解。

　　对于 $\gamma = 0, a = 0.5$; $\gamma = 5, a = 2.0$; $\gamma = 10^5, a = 3.0$, 图 5.5~图 5.7 分别展现了逼近解 W_{p} 及 W_{R} 的误差比较。从这些图可以看出, 本书所提出的逼近解 W_{p} 的逼近精度明显高于文献 Rao 等(2012)。

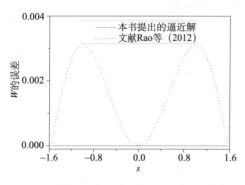

图 5.5　逼近解的误差比较（$\gamma=0, a=0.5$）

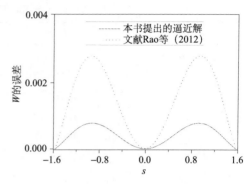

图 5.6　逼近解的误差比较（$\gamma=5, a=2.0$）

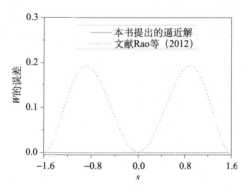

图 5.7　逼近解的误差比较（$\gamma=10^5, a=3.0$）

5.2　井内简支温湿钻柱力学模型的稳定性分析

　　本节的目的是建立如图 5.3 简支温湿钻柱后屈曲大变形的解析逼近解。首先应用 Maclaurin 级数与 Chebyshev 多项式将原方程简化成多项式微分方程；然后再应用牛顿–谐波平衡法构造该问题的解析逼近解；最后通过典型例子将所得结果与打靶数值解相比较阐述逼近解的有效性。

5.2.1　温湿钻柱后屈曲数学模型及求解

　　对于此问题我们作如下假设：①变形发生在纯弹性范围内；②横截面尺寸的改变忽略不计；③轴向应力跟钻柱的伸长与温湿伸展之差成正比。Coffin 和 Bloom（1999）给出温湿载荷作用下两端不可移动简支弹性钻柱的屈曲控制方程如下：

$$\frac{\mathrm{d}^2\theta}{\mathrm{d}S^2} = \left(\frac{N}{EI}\right)\left(\frac{N}{EA}\cos\theta + 1 + \varepsilon_{\mathrm{ht}}\right)\sin\theta \tag{5.30}$$

其中，N 为沿水平 x 轴力的分量；A 为钻柱的横截面面积；E 为杨氏模量；θ 为 x 轴与中性轴切线所形成的角度；$S \in [-L, L]$ 为初始的钻柱长坐标系统；$\varepsilon_{\mathrm{ht}}$ 为温湿伸展应变，由式 (5.31) 表达：

$$\varepsilon_{\mathrm{ht}} = \eta \cdot \Delta T + \xi \cdot \Delta H \tag{5.31}$$

ΔT 和 ΔH 分别为温度与湿度的改变量，η 与 ξ 分别为热与湿伸展系数。

令在 $S = -L$ 的转角为 a，我们将寻求钻柱关于 $S = 0$ 对称的变形后的构型，也就是钻柱在 $S = L$ 的转角为 $-a$。在钻柱的不可移简支端部，力矩为零，于是有下面的边界条件：

$$\frac{\mathrm{d}\theta}{\mathrm{d}S}(-L) = \frac{\mathrm{d}\theta}{\mathrm{d}S}(L) = 0 \tag{5.32}$$

另外，由于钻柱在端部的简支为不可移动的，位移完全受限制（即端部位移为零），所以有如下补充条件 (Coffin and Bloom, 1999)：

$$2L = \int_{-L}^{L}\left(\frac{N}{EA}\cos\theta + 1 + \varepsilon_{\mathrm{ht}}\right)\cos\theta \, \mathrm{d}S \tag{5.33}$$

当通过求解方程 (5.30)、方程 (5.32) 和方程 (5.33) 得到 $\theta(S)$，N 和 $\varepsilon_{\mathrm{ht}}$ 之后，钻柱的轴向伸缩 $x(S)$ 和横向挠度 $w(S)$ 可以由下式得到

$$x(S) = \int_{-L}^{S}\left(\frac{N}{EA}\cos\theta(\zeta) + 1 + \varepsilon_{\mathrm{ht}}\right)\cos\theta(\zeta) \, \mathrm{d}\zeta \tag{5.34}$$

$$w(S) = \int_{-L}^{S}\left(\frac{N}{EA}\cos\theta(\zeta) + 1 + \varepsilon_{\mathrm{ht}}\right)\sin\theta(\zeta) \, \mathrm{d}\zeta \tag{5.35}$$

为了便于求解，引入一个新的独立变量 $\tau = \pi S/(2L) + \pi/2$，于是，方程 (5.30)、方程 (5.32) 和方程 (5.33) 可以重写成如下无量纲形式：

$$\frac{\mathrm{d}^2\theta}{\mathrm{d}\tau^2} = \frac{2\Lambda^2\rho^2}{\pi^2}\sin 2\theta - \frac{4\Lambda\mu}{\pi^2}\sin\theta \tag{5.36}$$

$$\frac{\mathrm{d}\theta}{\mathrm{d}\tau}(0) = \frac{\mathrm{d}\theta}{\mathrm{d}\tau}(\pi) = 0 \tag{5.37}$$

$$\pi = \int_{0}^{\pi}\left(\mu - \Lambda\rho^2\cos\theta\right)\cos\theta \, \mathrm{d}\tau \tag{5.38}$$

其中无量纲参数如下：

$$\Lambda = \lambda^2, \ \lambda^2 = -NL^2/(EI), \ \rho^2 = I/AL^2 \ \ \mathrm{and} \ \ \mu = \varepsilon_{\mathrm{ht}} + 1 \tag{5.39}$$

且

$$\theta(0) = a, \theta(\pi) = -a \tag{5.40}$$

应用 Maclaurin 级数及 Chebyshev 多项式，仿照 3.2.1 节的做法，可将原方程简化为新的多项式非线性方程，有

$$\frac{\mathrm{d}^2 u}{\mathrm{d}\tau^2} - \frac{4\Lambda^2 \rho^2}{\pi^2}\left(B_1 u + B_2 u^3\right) + \frac{4\Lambda\mu}{\pi^2}\left(C_1 u + C_2 u^3\right) = 0 \tag{5.41}$$

$$u(0) = 1, \quad u(\pi) = -1, \quad \frac{\mathrm{d}u}{\mathrm{d}\tau}(0) = \frac{\mathrm{d}u}{\mathrm{d}\tau}(\pi) = 0 \tag{5.42}$$

$$\int_0^\pi \left\{ 2\mu\left(D_0 + D_1 u^2 + D_2 u^4\right) - \Lambda\rho^2\left(1 + F_0 + F_1 u^2 + F_2 u^4\right) - 2 \right\} \mathrm{d}\tau = 0 \tag{5.43}$$

其中 B_1，B_2，C_1，C_2，D_0，D_1，D_2，F_0，F_1，F_2 的表达式，请参看附录 B。

接下来，我们将建立方程(5.41)～方程(5.43)的依赖于初值 $u(0) = 1$ 的解析逼近解。一个合理而简单的初始逼近可取为如下形式：

$$u_0(\tau) = \cos\tau, \quad \tau \in [0, \pi] \tag{5.44}$$

其中 $u_0(\tau)$ 是 τ 的周期函数，周期为 2π。

将方程(5.44)代入到方程(5.41)中，然后再令导出方程中的 $\cos\tau$ 系数为零，有

$$\left(4B_1 + 3B_2\right)\rho^2 \Lambda_0^2 - \left(4C_1 + 3C_2\right)\mu_0\Lambda_0 + \pi^2 = 0 \tag{5.45}$$

再将方程(5.44)代入到方程(5.43)中，然后再化简给出如下方程：

$$16 + \left(8 + 8F_0 + 4F_1 + 3F_2\right)\rho^2\Lambda_0 - 2\left(8D_0 + 4D_1 + 3D_2\right)\mu_0 = 0 \tag{5.46}$$

求解方程(5.45)和方程(5.46)可以获得 Λ 和 μ 的以 a 表示的第一个解析逼近：

$$\Lambda_0(a) = \frac{8\left(4C_1 + 3C_2\right) + \sqrt{\left[8\left(4C_1 + 3C_2\right)\right]^2 - 2M\left(8D_0 + 4D_1 + 3D_2\right)\pi^2}}{M} \tag{5.47}$$

$$\mu_0(a) = \frac{16 + \left(8 + 8F_0 + 4F_1 + 3F_2\right)\rho^2\Lambda_0}{2\left(8D_0 + 4D_1 + 3D_2\right)} \tag{5.48}$$

其中，

$$M = \left[2\left(4B_1 + 3B_2\right)\left(8D_0 + 4D_1 + 3D_2\right) - \left(4C_1 + 3C_2\right)\left(8 + 8F_0 + 4F_1 + 3F_2\right)\right]\rho^2$$

应用方程(5.39)，我们可以得到 λ 和 $\varepsilon_{\mathrm{ht}}$ 的第一个解析逼近：

$$\lambda_0(a) = \sqrt{\Lambda_0(a)}, \quad \varepsilon_{\mathrm{ht}0}(a) = \mu_0(a) - 1 \tag{5.49}$$

相应的解析逼近解 $\theta(\tau)$ 为

$$\theta_0(\tau) = a\cos\tau, \quad \tau \in [0, \pi] \tag{5.50}$$

为了求第二个解析逼近，我们把方程(5.41)～方程(5.43)的解 $\left(u(\tau), \Lambda, \mu\right)$ 写

成

$$u(\tau) = u_0(\tau) + \Delta u_0(\tau), \quad \mu = \mu_0 + \Delta\mu_0, \quad \Lambda = \Lambda_0 + \Delta\Lambda_0 \tag{5.51}$$

这里，$(u_0(\tau), \Lambda_0, \mu_0)$ 是主要部分，$(\Delta u_0(\tau), \Delta\Lambda_0, \Delta\mu_0)$ 是修正项。将方程 (5.51) 代入方程 (5.41)～方程 (5.43)，然后再将其关于 $(\Delta u_0(\tau), \Delta\Lambda_0, \Delta\mu_0)$ 线性化，导出：

$$\frac{d^2 u_0}{d\tau^2} + \frac{d^2 \Delta u_0}{d\tau^2} - \frac{4\rho^2}{\pi^2}\left[\left(\Lambda_0^2 + 2\Lambda_0 \cdot \Delta\Lambda_0\right)\left(B_1 u_0 + B_2 u_0^3\right) + \Lambda_0^2\left(B_1 + 3B_2 u_0^2\right)\Delta u_0\right]$$
$$+ \frac{4}{\pi^2}\left[\Lambda_0\mu_0\left(C_1 + 3C_2 u_0^2\right)\Delta u_0 + \left(\Lambda_0\mu_0 + \Delta\Lambda_0\mu_0 + \Lambda_0\Delta\mu_0\right)\left(C_1 u_0 + C_2 u_0^3\right)\right] = 0 \tag{5.52}$$

$$\Delta u_0(0) = \Delta u_0(\pi) = \frac{d\Delta u_0}{d\tau}(0) = \frac{d\Delta u_0}{d\tau}(\pi) = 0 \tag{5.53}$$

$$\int_0^\pi \left\{2\left(\mu_0 + \Delta\mu_0\right)\left(D_0 + D_1 u_0^2 + D_2 u_0^4\right) + 4\mu_0\left(D_1 u_0 + 2D_2 u_0^3\right)\Delta u_0 - \rho^2\left[\left(\Lambda_0 + \Delta\Lambda_0\right)\right.\right.$$
$$\left.\left.\left(1 + F_0 + F_1 u_0^2 + F_2 u_0^4\right) + 2\Lambda_0\left(F_1 u_0 + 2F_2 u_0^3\right)\Delta u_0 - 2\right]\right\}d\tau = 0 \tag{5.54}$$

其中，$\Delta u_0(\tau)$ 是周期为 2π 的周期函数，$\Delta\mu_0$ 和 $\Delta\Lambda_0$ 为未知量。第二个解析逼近解可以通过应用谐波平衡方法求解关于 $\Delta u_0(\tau)$，$\Delta\mu_0$ 和 $\Delta\Lambda_0$ 的线性方程组 (5.52)～(5.54) 而得到。

观察表达式 (5.44)，方程组 (5.52)～(5.54) 中的 $\Delta u_0(\tau)$ 能够取成如下形式：

$$\Delta u_0(\tau) = z_0(\cos\tau - \cos 3\tau) \tag{5.55}$$

其满足初始条件 (5.53)。将方程 (5.44)，方程 (5.55) 代入方程 (5.52)，再将得到的方程展成三角级数，并且分别令方程中的 $\cos\tau$ 和 $\cos 3\tau$ 项系数为零；类似地，将方程 (5.44)，方程 (5.55) 代入方程 (5.54)，再化简，最后合起来得出如下方程组：

$$\alpha_1 \times \Delta\mu_0 + \alpha_2 \times \Delta\Lambda_0 + \alpha_3 \times z_0 + \alpha_4 = 0$$
$$\beta_1 \times \Delta\mu_0 + \beta_2 \times \Delta\Lambda_0 + \beta_3 \times z_0 + \beta_4 = 0 \tag{5.56}$$
$$\gamma_1 \times \Delta\mu_0 + \gamma_2 \times \Delta\Lambda_0 + \gamma_3 \times z_0 + \gamma_4 = 0$$

求解方程 (5.56) 给出 z_0，$\Delta\mu_0$ 及 $\Delta\Lambda_0$：

$$\Delta\Lambda_0 = \frac{\alpha_4\beta_3\gamma_1 - \alpha_3\beta_4\gamma_1 - \alpha_4\beta_1\gamma_3 + \alpha_1\beta_4\gamma_3 + \alpha_3\beta_1\gamma_4 - \alpha_1\beta_3\gamma_4}{\alpha_3\beta_2\gamma_1 - \alpha_2\beta_3\gamma_1 - \alpha_3\beta_1\gamma_2 + \alpha_1\beta_3\gamma_2 + \alpha_2\beta_1\gamma_3 - \alpha_1\beta_2\gamma_3}$$
$$\Delta\mu_0 = \frac{-\alpha_4\beta_3\gamma_2 + \alpha_3\beta_4\gamma_2 + \alpha_4\beta_3\gamma_3 - \alpha_2\beta_4\gamma_3 - \alpha_3\beta_2\gamma_4 + \alpha_2\beta_3\gamma_4}{\alpha_3\beta_2\gamma_1 - \alpha_2\beta_3\gamma_1 - \alpha_3\beta_1\gamma_2 + \alpha_1\beta_3\gamma_2 + \alpha_2\beta_1\gamma_3 - \alpha_1\beta_2\gamma_3} \tag{5.57}$$
$$z_0 = \frac{-\alpha_4\beta_2\gamma_1 + \alpha_2\beta_4\gamma_1 + \alpha_4\beta_1\gamma_2 - \alpha_1\beta_4\gamma_2 - \alpha_2\beta_1\gamma_4 + \alpha_1\beta_2\gamma_4}{\alpha_3\beta_2\gamma_1 - \alpha_2\beta_3\gamma_1 - \alpha_3\beta_1\gamma_2 + \alpha_1\beta_3\gamma_2 + \alpha_2\beta_1\gamma_3 - \alpha_1\beta_2\gamma_3}$$

其中 α_1, α_2, α_3, α_4, β_1, β_2, β_3, β_4, γ_1, γ_2, γ_3, γ_4 在附录 B 中。

于是，温湿钻柱后屈曲变形的第二个解析逼近由下式给出：

$$\mu_1(a) = \mu_0(a) + \Delta\mu_0(a), \quad \varLambda_1(a) = \varLambda_0(a) + \Delta\varLambda_0(a) \tag{5.58}$$

$$u_1(\tau) = \cos\tau + z_0(\cos\tau - \cos 3\tau), \quad \tau \in [0, \pi] \tag{5.59}$$

应用方程 (5.39)，可获得 λ 与 ε_{ht} 的第二个解析逼近：

$$\lambda_1(a) = \sqrt{\varLambda_0(a) + \Delta\varLambda_0(a)}, \quad \varepsilon_{ht1}(a) = \mu_1(a) - 1 \tag{5.60}$$

$\theta(\tau)$ 相应的第二个解析逼近解为

$$\theta_1(\tau) = a\big[\cos\tau + z_0(\cos\tau - \cos 3\tau)\big] \tag{5.61}$$

到此，应该了解如何建立更高阶的满足精度要求的解析逼近解。在下一小节里，我们将看到无论对于小的还是大的转角 a，式 (5.60) 和式 (5.61) 都能给出基于打靶法的数值解的高精度逼近。

5.2.2　结果与讨论

在这小节里，我们通过将所提出的解析逼近解与由打靶法得到的数值解相比较来说明其有效性。为了得到数值解 $\theta_r(\tau, a, \rho)$，$\lambda_r(a, \rho)$ 和 $\varepsilon_{htr}(a, \rho)$，先把方程 (5.36)～方程 (5.38) 改写成如下形式：

$$
\begin{aligned}
\frac{\mathrm{d}\theta}{\mathrm{d}\tau} &= \varphi \\
\frac{\mathrm{d}\varphi}{\mathrm{d}\tau} &= \frac{2\lambda^4\rho^2}{\pi^2}\sin 2\theta - \frac{4\lambda^2(1+\varepsilon_{ht})}{\pi^2}\sin\theta \\
\frac{\mathrm{d}\chi}{\mathrm{d}\tau} &= (1 + \varepsilon_{ht} - \lambda^2\rho^2\cos\theta)\cos\theta - 1 \\
\frac{\mathrm{d}\lambda}{\mathrm{d}\tau} &= 0 \\
\frac{\mathrm{d}\varepsilon_{ht}}{\mathrm{d}\tau} &= 0
\end{aligned}
\tag{5.62}
$$

$$\theta(0) = a; \quad \varphi(0) = 0; \quad \varphi(\pi) = 0; \quad \chi(0) = 0; \quad \chi(\pi) = 0 \tag{5.63}$$

应当注意到这里所给出的数值解和由 Coffin 和 Bloom (1999) 得到的椭圆积分形式描述的解是相同的，只不过在文献 (Coffin and Bloom, 1999) 中，λ 和 ε_{ht} 是通过给定 $K = \sin(a/2)$ 求解含有椭圆积分的非线性方程组而得到的，所以 $\theta_r(\tau, a, \rho)$，$\lambda_r(a, \rho)$ 和 $\varepsilon_{htr}(a, \rho)$ 其实代表了文献 (Coffin and Bloom, 1999) 中的解。于是，我们下面通过将解析逼近解与数值解相比较来显示逼近解的精度与有效性。

为了便于比较,我们把 λ 和 ε_{ht} 的逼近解与数值解作为转角 a 的函数分别体现在图 5.8 与图 5.9 中。值得注意的是图中也包含了弦($\rho=0$)的极限情况。

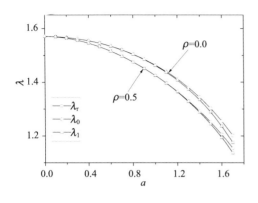

图 5.8　λ 的逼近解与数值解的比较　　　　图 5.9　ε_{ht} 的逼近解与数值解的比较

图 5.8 与图 5.9 表明对无论小的还是大的转角 a,公式(5.60)能够给出 λ 和 ε_{ht} 的很好的近似,而公式(5.49)只有对于小的转角 a 才可得到令人满意的结果,这说明随着非线性的增加,低阶逼近已经不能够描述系统的后屈曲响应了,需要建立高阶的解析逼近解才能反映系统的真实状态。

图 5.10 绘出了当 $\rho=0.5,a=1.0$ 及 $\rho=0,a=1.7$ 时钻柱端部转角 θ 的数值解 θ_r,分别由式(5.50)和式(5.61)给出的解析逼近解 θ_0 和 θ_1。从图 5.10 可以看出由式(5.61)给出的逼近解的逼近效果是最好的。对于 $a=1.7$,转角 θ 已经超过 $\pi/2$ 了,由此说明我们给出的结果在大变形也是很有效的。

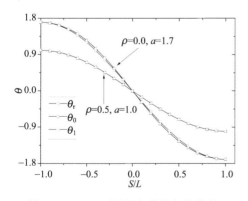
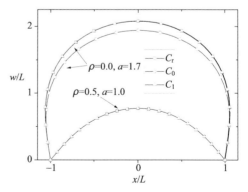

图 5.10　$\theta(S)$ 逼近解与数值解的比较　　　图 5.11　后屈曲几何构型的逼近解与数值解比较

应用方程(5.34)和方程(5.35)以及数值解 θ_r,公式(5.50)和公式(5.61)表示的解析逼近解 θ_0 和 θ_1,相应的无量纲轴向及横向挠曲坐标分量 $x(S)/L$ 和 $w(S)/L$ 的数值解与逼近解能够求出，即钻柱后屈曲变形后的结构构形能够确定下来。在图 5.11 中给出了在 $\rho=0.5, a=1.0$ 及 $\rho=0, a=1.7$ 的情况下，钻柱后屈曲变形的几何形状的数值解与逼近解的比较。无论对于小转角还是大转角情况，公式 (5.61) 都能够给出数值解的高精度逼近。

5.3　典型算例分析

取一段某科研钻井在自重作用下屈曲的一段 (即一个半波长) 钻柱进行研究。此段钻柱的参数如下：摩擦系数 $\bar{\mu}$=0.4，环空 r_{c}=0.02225m，钻柱长 L=34m，钻柱比重 q=1190N/m，弯曲刚度 EI=8.21797×10^{6}N•m^2，即 J=0.000998578，μ=0.000399431，$\bar{q}$=3.20374。分析钻柱首先在自重作用下屈曲，而后由于井中温度变化导致钻柱的附加屈曲变形情况。

5.3.1　应用弹簧钻柱的屈曲模型分析结果

由于钻柱初始在自重作用下已屈曲，所以我们假定屈曲形状函数为

$$w_0 = \frac{r_{\mathrm{c}}}{4} \times \sin\left(\frac{\pi x}{L}\right), \quad x \in [0, L] \tag{5.64}$$

下面求解具有以上形式的初始缺陷的弹簧钻柱力学模型，可得到钻柱的屈曲变形形状。钢的热膨胀系数取 α=12.5×10^{-6}℃$^{-1}$，假设此半波长钻柱温度变化为 $\Delta T = 1.183$℃，于是由于温度改变而产生的轴向力为

$$p = \alpha \Delta T E A = 56.3979 \mathrm{kN} \tag{5.65}$$

将对应于弹簧钻柱端部弹簧刚度为 $K=0$，$K=75.9338$N•m/rad 的具有初始缺陷的钻柱屈曲变形图画在图 5.12 与图 5.13 中。图中的 w_1 表示在 $K=0$ 时求得的钻柱总屈曲变形挠度；图中的 w_2 表示在 $K=75.9338$N•m/rad 求得的钻柱总的屈曲变形挠度。

从图中可看出，在钻柱具有由于自重引起的初始形状缺陷的情况下，温度应力的影响是相当关键的，温度仅升高 $\Delta T = 1.183$℃，钻柱的变形就增加 0.5~1 倍。另外，还可看出模型端部的弹簧刚度对钻柱屈曲形状影响也相当大：在不考虑此刚度影响时，即简支钻柱模型，钻柱变形形状较大；而当考虑钻柱端部刚度时，如 $K=75.9338$N•m/rad，钻柱变形形状较小。

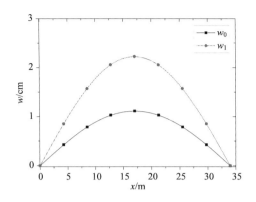
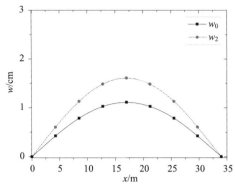

图 5.12　$K = 0$ 时弹簧钻柱模型求得的钻柱屈曲变形图

图 5.13　$K = 75.9338\mathrm{N} \cdot \mathrm{m/rad}$ 时弹簧钻柱模型求得的钻柱屈曲变形图

5.3.2　应用简支温湿钻柱的屈曲模型分析结果

由于钻柱初始在自重作用下已屈曲，此模型方程是由 θ 表示的，所以我们假定屈曲形状函数为

$$\theta_0 = \frac{0.002056}{2} \times \cos\left(\frac{S}{L}\pi\right), \quad S \in [0, L] \tag{5.66}$$

于是可应用式(5.34)和式(5.35)求出钻柱的初始变形形状。

下面求解具有以上形式的初始缺陷钻柱的简支温湿钻柱屈曲力学模型，可得到钻柱的屈曲变形形状。依然假设此半波长钻柱温度变化为 $\Delta T = 1.183℃$，于是由于温度改变而产生应变为 $\varepsilon_{\mathrm{ht}} = 14.7875 \times 10^{-6}$，相应的轴向力为 $p = 56.3979\mathrm{kN}$。模型中的无量纲量 $\rho = 0.00273054$。

将对应于简支温湿钻柱力学模型的具有初始缺陷钻柱屈曲变形图画为图 5.14。图中的 w_0 表示由初始缺陷 θ_0 产生的钻柱屈曲变形挠度；图中的 w_3 表示在温度应力施加后，钻柱总的屈曲变形挠度。

本节考虑了钻柱在受自重情况下，有了一定的屈曲形状缺陷后，应用弹簧钻柱的屈曲模型及简支温湿钻柱模型，分析了温度应力对钻柱屈曲变形的影响。经研究发现温度变化产生的载荷对于钻柱屈曲有很大影响，很小的温度变化如 $\Delta T = 1.183℃$ 就导致钻柱屈曲变形增加了一倍左右。

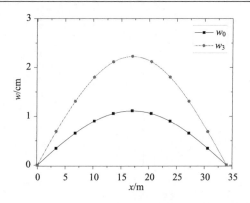

图 5.14 $\Delta T = 1.183℃$ 时简支温湿钻柱模型求得的钻柱屈曲变形图

5.4 井内温度对钻柱力学性能的影响分析

本节将研究温度对钢钻柱与铝合金钻柱力学性能的影响。取钻柱总长度为 $L = 6600\text{m}$；上部钻柱长 $L_1 = 6500\text{m}$ 钻柱外径 $d = 127\text{mm}$，壁厚 $\delta = 12.7\text{mm}$；下部钻柱长 $L_2 = 100\text{m}$，钻柱外径仍为 $d = 127\text{mm}$，壁厚 $\delta = 25.4\text{mm}$。分两种情况：①井底温度突然升高100℃，钻柱不加任何约束，温度可自由传导；②井底温度突然升高100℃，在中和点处将钻柱约束住，分析下部钻具的变形情况。

5.4.1 温度可自由向上传导的情况分析

当温度不变时，钻柱只由于自重而产生的伸长：

$$\Delta l_1 = \int_0^{L_1} \left(\frac{\rho Axg}{EA} \right) \mathrm{d}x - \int_0^{L_2} \left(\frac{\rho Ax}{EA} g \right) \mathrm{d}x = 6.6035\text{m} \tag{5.67}$$

井底温度突然升高100℃，ρ 为钻柱在空气中的密度与钻井液密度之差。钻柱不加任何约束，温度可自由向上传导。这里为了计算简便，假定温度按线性向上传导，即

$$\Delta T_x = \frac{6600 - x}{6600} \Delta T \tag{5.68}$$

其中 ΔT_x 为钻柱在 x 处温度变化，$\Delta T = 100℃$ 为井底温度变化，$x \in [0, 6600]$ 为钻柱长度坐标，方向向上，坐标原点在井底钻头处。钢的热膨胀系数取 $\alpha = 12.5 \times 10^{-6}℃^{-1}$，于是温度变化导致的钻柱伸长量由式 (5.69) 计算：

$$\Delta l_2 = \int_0^x \alpha \Delta T_x \mathrm{d}x = 4.125\text{m} \tag{5.69}$$

于是此时钻柱总伸长量变为

$$\Delta l = \Delta l_1 - \Delta l_2 = 6.6035 - 4.125 = 2.4785 \text{m}$$

所以当井底温度剧烈变化时，如果整体钻柱不加以约束，则温度可以自由向上传导，由于温度引起的钻柱伸长被整个钻柱逐步吸收，与钻柱自重引起的伸长相抵消，最终使得钻柱总伸长减少。

5.4.2　在钻柱中和点处有约束的情况分析

在钻柱中和点处有约束的情况下，分析钻柱的屈曲变形形状。下部钻柱长 $L_2 = 100 \text{m}$，钢的热膨胀系数取 $\alpha = 12.5 \times 10^{-6} \text{℃}^{-1}$，假设钻柱温度变化为 $\Delta T = 100 \text{℃}$，于是由于温度改变而产生的轴向力为

$$p = \alpha \Delta T E A = 2000 \text{kN} \tag{5.70}$$

将钻柱只在自重作用下的屈曲形状及钻柱在自重与温度应力作用下的屈曲形状画在图 5.15 中。其中图中的 w_0 表示钻柱只在自重作用下的屈曲挠度；图中的 w_T 表示钻柱在自重与温度应力共同作用下总的屈曲变形挠度。

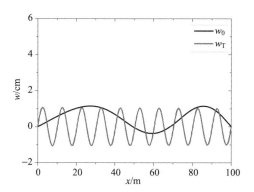

图 5.15　温度对钻柱屈曲变形影响图

从图中可看出，在钻柱具有由自重引起的初始形状缺陷的情况下，温度应力的影响是相当关键的，温度突然升高 $\Delta T = 100 \text{℃}$，下部钻柱的变形就增加10倍左右，实际已经失效，处于不稳定状态。

基于弹簧钻柱及简支温湿钻柱的热后屈曲变形力学模型，本章研究了钻柱稳定性问题。基于单自由度横向位移变量的非线性控制方程，通过选取适当的容许横向位移函数，然后应用 Galerkin 方法与牛顿-谐波平衡方法，显式的解析逼近解得以建立。通过与数值解及其他逼近解相比较，新逼近解的有效性及精确性得以验证，所给出的解析逼近解在一个非常大的振幅范围内与有限元解都有良好的吻

合程度。另外，由于解的表达式的简短性，所提出的解更容易用于研究系统参数与系统响应之间的依赖关系。通过研究具体的钻柱屈曲实例，得出温度变化对于钻柱屈曲的影响较大，不能忽略；特别是当温度突然升高(如钻井液停止循环的情况)时，将导致钻柱由于温度应力作用而失效。研究成果可以推广应用到其他结构(如薄膜、板等)的后屈曲及非线性振动问题。

第6章 井内复合钻柱屈曲模型分析

垂直井钻柱的示意图如图 6.1 所示，图中的钻柱可以是通常的钢钻柱或者铝合金钻柱，也可为复合钻柱。所谓复合钻柱就是钻柱由包括两种及以上的金属材料或者合金材料制成(如钢、铝合金、其他金属及合金材料；pvc、碳纤维及玻璃钢等复合材料)，其示意图如图 6.2 所示。取其中一段进行研究：忽略钻井液、井壁、摩擦、钻柱自重及扭矩的影响，将钻井液等产生的影响用能量等价的方法，化成复合钻柱的等效刚度，考虑剪切应力影响，钻柱在机械载荷作用下的屈曲力学模型简图用图 6.3 表示。本章集中研究复合钻柱模型的后屈曲变形问题。

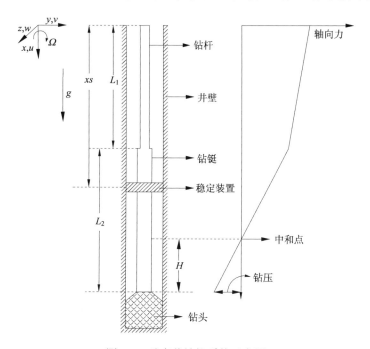

图 6.1　垂直井钻柱系统示意图

6.1　井内复合钻柱力学模型研究

本节将提出一个可供选择的方法来求解包含横向剪切影响的复合钻柱初始后屈曲变形问题。将 Maclaurin 级数展开、Chebyshev 多项式与牛顿-谐波平衡法相

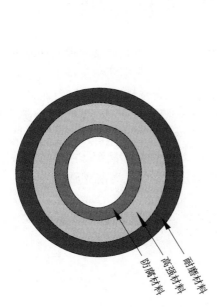

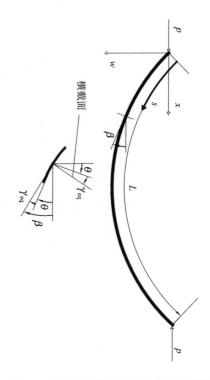

图 6.2　复合钻柱几何示意图　　　　图 6.3　固支复合钻柱后屈曲变形示意图

结合，建立固支复合钻柱的初始后屈曲解析逼近解。最后选择典型例子，将所提出的解析公式与数值解及摄动解相比较，给出该方法的精确性。

6.1.1　控制方程及求解

固支复合钻柱后屈曲变形示意图如图 6.3 所示。本部分的力学模型是在假定变形完全在弹性范围内、应力在整个横截面均匀分布的前提下建立的，横截面尺度的改变被忽略，但是横向剪切的影响被考虑进去了，剪切修正由能量等效来计算。包含横向剪切影响的复合钻柱初始后屈曲变形的控制方程表达成如下形式（Huang and Kardomateas, 2002）：

$$(EI)_{\text{eq}} \frac{\mathrm{d}^2 \theta}{\mathrm{d}s^2} + p \left(\frac{\alpha p}{2A\tilde{G}} \sin 2\theta + \sin \theta \right) = 0 \tag{6.1}$$

其中 p 为 x 轴向载荷分量；A 代表钻柱横截面积；$(EI)_{\text{eq}}$ 为整个横截面的相当刚度；α 为由能量相当原理算得的剪切修正系数；$\tilde{G}$ 为截面有效剪切模量。这些参数的详细定义请看文献（Huang and Kardomateas, 2002）。中性轴切线与 x 轴的夹

角是 θ ， $s \in [0, L]$ 代表钻柱长系统坐标。令 $s = L/4$ 处转角为 a ，寻求一个关于 $s = L/2$ 对称的变形状态，即 θ 在 $s = L/2$ 处为零。对于固支钻柱，边界条件如下：

$$\theta(0) = \theta(L) = 0 \tag{6.2}$$

当 $\theta(s)$ 和 p 由方程组 (6.1) 与 (6.2) 解出，$x(s)$ 与 $w(s)$ 可由如下关系得到

$$x(s) = \int_0^s \left(\cos\theta(\xi) - \frac{\alpha p}{\tilde{G}A} \sin^2\theta(\xi) \right) \mathrm{d}\xi \tag{6.3}$$

$$w(s) = \int_0^s \left(\sin\theta(\xi) + \frac{\alpha p}{2\tilde{G}A} \sin 2\theta(\xi) \right) \mathrm{d}\xi \tag{6.4}$$

引入一个新的独立变量 $\tau = 2\pi S / L - \pi/2$ ，于是，方程 (6.1) 和方程 (6.2) 可以重写成如下无量纲形式：

$$\frac{\mathrm{d}^2\theta}{\mathrm{d}\tau^2} = -\Omega\lambda^2 \sin 2\theta - \lambda \sin\theta \tag{6.5}$$

$$\theta(-\pi/2) = \theta(3\pi/2) = 0 \tag{6.6}$$

无量纲参数为

$$\lambda = pL^2 \Big/ \left[4\pi^2 (EI)_{\mathrm{eq}} \right] , \quad \Omega = 2\alpha\pi^2 (EI)_{\mathrm{eq}} \Big/ \left(L^2 A\tilde{G} \right) \tag{6.7}$$

在 $\tau = 0$ （$s = L/4$）处转角为

$$\theta(0) = a \tag{6.8}$$

接下来，将建立依赖于 $\theta(\tau)\big|_{\tau=0} = a$ 的方程 (6.5) 的解析逼近解。仿照 3.2.1 节的做法，可把原控制方程简化为

$$\frac{\mathrm{d}^2 u}{\mathrm{d}\tau^2} = -2\Omega\lambda^2 \left(B_1 u + B_2 u^3 \right) - \lambda \left(C_1 u + C_2 u^3 \right) \tag{6.9}$$

$$u(0) = 1, u(-\pi/2) = u(3\pi/2) = 0 \tag{6.10}$$

其中 B_1，B_2，C_1，C_2 的表达式，请参看附录 B。

由于方程 (6.9) 右侧表达式是 u 的奇函数，所以 $u(\tau)$ 可以展开成如下 Fourier 级数：

$$u(\tau) = \sum_{n=1}^{\infty} h_n \cos\left[(2n-1)\tau \right] \tag{6.11}$$

接下来，我们将建立方程 (6.9) 和方程 (6.10) 的依赖于初值 a 的解析逼近解。一个合理而简单的初始逼近可取为如下形式：

$$u_0(\tau) = \cos\tau , \quad \tau \in [-\pi/2, 3\pi/2] \tag{6.12}$$

其中 $u_0(\tau)$ 是 τ 的周期函数，周期为 2π 。将方程 (6.12) 代入到方程 (6.9) 中，然后再令导出方程中的 $\cos\tau$ 系数为零，有

$$2\Omega\left(4B_1 + 3B_2\right)\lambda_0^2 + \left(4C_1 + 3C_2\right)\lambda_0 - 4 = 0 \tag{6.13}$$

求解方程(6.13)可以获得 λ_0 的以 a 表示的第一个解析逼近：

$$\lambda_0\left(a\right) = \frac{-\left(4C_1 + 3C_2\right) + \sqrt{32\Omega\left(4B_1 + 3B_2\right) + \left(4C_1 + 3C_2\right)^2}}{4\Omega\left(4B_1 + 3B_2\right)} \tag{6.14}$$

相应的解析逼近解 $\theta(\tau)$ 为

$$\theta_0\left(\tau\right) = a\cos\tau \, , \, \tau \in \left[-\pi/2, 3\pi/2\right] \tag{6.15}$$

为了求第二个解析逼近，我们把方程(6.9)和方程(6.10)的解 $\left(u(\tau), \lambda\right)$ 写成

$$u(\tau) = u_0(\tau) + \Delta u_0(\tau) \, , \quad \lambda = \lambda_0 + \Delta\lambda_0 \, , \quad \tau \in \left[-\pi/2, 3\pi/2\right] \tag{6.16}$$

其中 $\left(u_0(\tau), \lambda_0\right)$ 是主要部分，$\left(\Delta u_0(\tau), \Delta\lambda_0\right)$ 是修正项。将方程(6.16)代入方程(6.9)和方程(6.10)，然后再将其关于 $\left(\Delta u_0(\tau), \Delta\lambda_0\right)$ 线性化，导出：

$$\frac{\mathrm{d}^2 u_0}{\mathrm{d}\tau^2} + \frac{\mathrm{d}^2 \Delta u_0}{\mathrm{d}\tau^2} + 2\Omega\left[\left(\lambda_0^2 + 2\lambda_0 \cdot \Delta\lambda_0\right)\left(B_1 u_0 + B_2 u_0^3\right) + \lambda_0^2\left(B_1 + 3B_2 u_0^2\right)\Delta u_0\right]$$
$$+ \left[\lambda_0\left(C_1 + 3C_2 u_0^2\right)\Delta u_0 + \left(\lambda_0 + \Delta\lambda_0\right)\left(C_1 u_0 + C_2 u_0^3\right)\right] = 0 \tag{6.17}$$

$$\Delta u_0\left(0\right) = \Delta u_0\left(-\pi/2\right) = \Delta u_0\left(3\pi/2\right) = 0 \tag{6.18}$$

这里 $\Delta u_0(\tau)$ 是周期为 2π 的周期函数，$\Delta\lambda_0$ 为未知量。第二个解析逼近解可以通过应用谐波平衡方法求解关于 $\Delta u_0(\tau)$ 和 $\Delta\lambda_0$ 的线性方程组(6.17)和(6.18)而得到。

观察表达式(6.12)，方程组(6.17)和(6.18)中的 $\Delta u_0(\tau)$ 能够取成如下形式：

$$\Delta u_0\left(\tau\right) = z_0\left(\cos\tau - \cos 3\tau\right) \tag{6.19}$$

其满足初始条件(6.18)。将方程(6.12)，方程(6.19)代入方程(6.17)，再将得到的方程展成三角级数，并且分别令方程中的 $\cos\tau$ 和 $\cos 3\tau$ 项系数为零；得出如下方程组：

$$\Phi_1 \times \Delta\lambda_0 + \Phi_2 \times z_0 + \Phi_0 = 0 \tag{6.20}$$

$$\Psi_1 \times \Delta\lambda_0 + \Psi_2 \times z_0 + \Psi_0 = 0 \tag{6.21}$$

表达式 Φ_0，Φ_1，Φ_2，Ψ_0，Ψ_1，Ψ_2 在附录 B 中。

求解方程(6.20)和方程(6.21)给出 $\Delta\lambda_0$ 与 z_0：

$$\Delta\lambda_0 = \left[-144 + 4\left(40C_1 + 31C_2\right)\lambda_0 + \left(320\Omega B_1 + 248\Omega B_2 - 16C_1^2 - 28C_1 C_2\right.\right.$$
$$\left. -15C_2^2\right)\lambda_0^2 - 4\Omega\left(16B_1 C_1 + 14B_2 C_1 + 14B_1 C_2 + 15B_2 C_2\right)\lambda_0^3 \tag{6.22}$$
$$\left. -4\Omega^2\left(16B_1^2 + 28B_1 B_2 + 15B_2^2\right)\lambda_0^4\right]/M$$

$$z_0 = 4\left(C_2 + 4\Omega B_2\lambda_0 + 2\Omega\left(-B_2 C_1 + B_1 C_2\right)\lambda_0^2\right)/M \tag{6.23}$$

其中,

$$M = -16(9C_1 + 7C_2) + \left[-64\Omega(9B_1 + 7B_2) + 16C_1^2 + 28C_1C_2 + 15C_2^2 \right]\lambda_0 + 2\Omega\big(48B_1C_1$$
$$+ 44B_2C_1 + 40B_1C_2 + 45B_2C_2\big)\lambda_0^2 + 8\Omega^2\big(16B_1^2 + 28B_1B_2 + 15B_2^2\big)\lambda_0^3$$

于是, 复合钻柱后屈曲变形的第二个解析逼近由下式给出:

$$\lambda_1(a) = \lambda_0(a) + \Delta\lambda_0(a) \tag{6.24}$$

$$\theta_1(\tau) = a\left[\cos\tau + z_0(\cos\tau - \cos 3\tau)\right], \quad \tau \in \left[-\pi/2, 3\pi/2\right] \tag{6.25}$$

为了求更高阶逼近解, 将 $(u(\tau), \lambda)$ 写成如下形式:

$$u(\tau) = u_k(\tau) + \Delta u_k(\tau), \quad \lambda = \lambda_k + \Delta\lambda_k, k = 0, 1, 2\cdots, \quad \tau \in \left[-\pi/2, 3\pi/2\right] \tag{6.26}$$

这里 $(u_k(\tau), \lambda_k)$ 是主要部分, $(\Delta u_k(\tau), \Delta\lambda_k)$ 是修正项。将方程(6.26)代入方程(6.9)和(6.10), 然后再将其关于 $(\Delta u_k(\tau), \Delta\lambda_k)$ 线性化, 导出:

$$\frac{\mathrm{d}^2 u_k}{\mathrm{d}\tau^2} + \frac{\mathrm{d}^2 \Delta u_k}{\mathrm{d}\tau^2} + 2\Omega\Big[\big(\lambda_k^2 + 2\lambda_k \cdot \Delta\lambda_k\big)\big(B_1 u_k + B_2 u_k^3\big) + \lambda_k^2\big(B_1 + 3B_2 u_k^2\big)\Delta u_k\Big]$$
$$+ \Big[\lambda_k\big(C_1 + 3C_2 u_k^2\big)\Delta u_k + \big(\lambda_k + \Delta\lambda_k\big)\big(C_1 u_k + C_2 u_k^3\big)\Big] = 0$$

$$\tag{6.27}$$

$$\Delta u_k(0) = \Delta u_k(-\pi/2) = \Delta u_k(3\pi/2) = 0 \tag{6.28}$$

令 $\Delta u_k(\tau)$ 为下列形式:

$$\Delta u_k(\tau) = \sum_{j=0}^{k} z_j \left\{ \cos[(2j+1)\tau] - \cos[(2j+3)\tau] \right\} \tag{6.29}$$

第 $(k+1)$ 阶逼近解可以通过应用谐波平衡法, 求解关于 $\Delta u_k(\tau)$ 与 $\Delta\lambda_k$ 的线性方程组(6.27)与(6.28)而得到。

到此, 应该了解如何建立更高阶的满足精度要求的解析逼近解。在下一小节里, 我们将看到无论对于小的还是大的转角幅值 a, 公式(6.24)和公式(6.25)都能给出基于打靶法的数值解的高精度逼近。

6.1.2　结果与讨论

在这小节里, 我们通过将所提出的解析逼近解与由打靶法得到的数值解进行比较来说明其有效性。为了得到数值解 $\theta_e(\tau, a, \rho)$, $\lambda_e(a, \rho)$ 和 $\varepsilon_{\mathrm{hte}}(a, \rho)$, 先把方程组(6.5)与(6.6)改写成如下形式:

$$\frac{\mathrm{d}\theta}{\mathrm{d}\tau} = \varphi$$
$$\frac{\mathrm{d}\varphi}{\mathrm{d}\tau} = -\Omega\lambda^2 \sin 2\theta - \lambda \sin\theta \tag{6.30}$$

边界条件：

$$\theta(-\pi/2) = 0, \ \theta(0) = a, \ \theta(3\pi/2) = 0 \tag{6.31}$$

应用打靶方法求解方程组 (6.30) 与 (6.31)，可以得到依赖于 a 的数值解 $\theta_{\mathrm{e}}(\tau, a)$ 与 $\lambda_{\mathrm{e}}(a)$。

文献（Huang and Kardomateas, 2002）提出的摄动解：

$$\lambda_{\mathrm{H}} = \lambda_{\mathrm{cr}}\left(1 + \frac{a^2(4\Omega\lambda_{\mathrm{cr}} + 0.5)}{4(4\Omega\lambda_{\mathrm{cr}} + 1)}\right) \tag{6.32}$$

$$\theta_{\mathrm{H}} = a\cos\tau + \frac{a^3}{96}\lambda_{\mathrm{cr}}\left(4\Omega\lambda_{\mathrm{cr}} + \frac{1}{2}\right)(\cos\tau - \cos 3\tau) \tag{6.33}$$

其中，

$$\lambda_{\mathrm{cr}} = \frac{-1 + \sqrt{1 + 8\Omega}}{4\Omega}$$

最后，通过应用式 (6.4) 与数值解、本书提出的逼近解 θ_0 及 θ_1、摄动解 θ_{H}，复合钻柱无量纲缩短量 δ 的数值与各种逼近解 δ 可求出：

$$\delta = \frac{1}{2L}\int_0^L w'^2 \mathrm{d}s \qquad (\delta = \delta_{\mathrm{e}}, \delta_{\mathrm{H}}, \delta_0, \delta_1) \tag{6.34}$$

为了阐述所提出解的有效性，考虑具有如下参数的复合柱：上下表面厚度 $f_1 = f_2 = 4\mathrm{mm}$、中间核厚度 $c = 20\mathrm{mm}$，即总厚度 $h = 28\mathrm{mm}$。且宽度 $\omega = h$。复合钻柱核材料用 PVC（$E_{\mathrm{c}} = 93\mathrm{MPa}$ 和 $G_{\mathrm{c}} = 35\mathrm{MPa}$），响应的表面材料为 E-glass/polyester，弹性模量及剪切模量为 $E_{\mathrm{f1}} = E_{\mathrm{f2}} = 26\mathrm{MPa}$ 和 $G_{\mathrm{f1}} = G_{\mathrm{f2}} = 3\mathrm{GPa}$。更详细的参数信息，建议读者参看文献 (Huang and Kardomateas, 2002)。对于给定的以上参数，可以求得无量纲参数 $\Omega = 1.8617$。

各种逼近解对数值解的相对误差随着 a 的变化，可表达为

$$W\text{的相对误差} = \left|\frac{W_{\mathrm{e}} - W_{\mathrm{appr}}}{W_{\mathrm{e}}}\right| \times 100\%, \quad (W_{\mathrm{appr}} = W_{\mathrm{H}}, W_0, W_1) \tag{6.35}$$

其中 W 可表示无量纲参数 λ、正规化的柱中点挠度 $w_{\max}/L$ 以及无量纲柱缩短量 δ。

图 6.4～图 6.6 展现了 λ、$w_{\max}/L$ 及 δ 的相对误差随 a 变化情况。正如所观察到的，λ_1、$w_{\max}/L$ 明显与数值解的吻合程度最好。特别地，对于 $a = 0.9$，λ_1 对 λ_{e} 的相对误差只有 0.0062%，而相应的摄动解 λ_{H} 对 λ_{e} 的相对误差为 2.73%。

对于 $a=0.1$ 和 $a=0.9$，数值解 θ_{e}、分别由式(6.15)和式(6.25)给出的逼近解 θ_0 和 θ_1、由式(6.33)给出的摄动解 θ_{II}，分别画在图 6.7 与图 6.8 中。很显然，式(6.25)相比于摄动解，能给出数值解的最好的逼近。

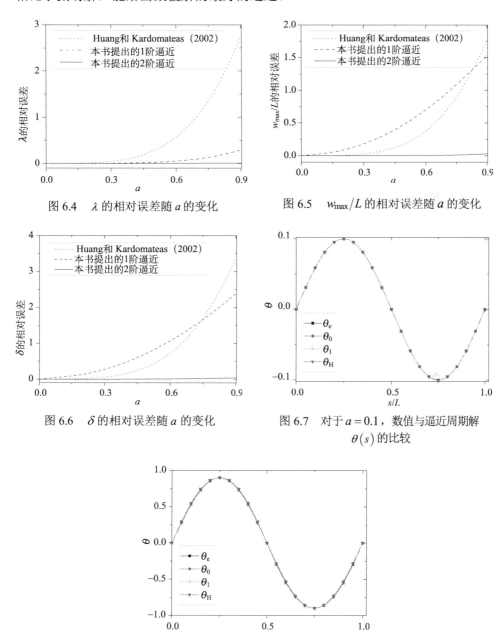

图 6.4　λ 的相对误差随 a 的变化

图 6.5　$w_{\max}/L$ 的相对误差随 a 的变化

图 6.6　δ 的相对误差随 a 的变化

图 6.7　对于 $a=0.1$，数值与逼近周期解 $\theta(s)$ 的比较

图 6.8　对于 $a=0.9$，数值与逼近周期解 $\theta(s)$ 的比较

通过将式(6.3)和式(6.4)与数值解 θ_e、本书提出的逼近解 θ_0 和 θ_1 摄动解 θ_H 相结合，可以决定数值与逼近的无量纲柱的变形构型 $x(s)/L$ 和 $w(s)/L$。对于 $a = 0.5$ 和 $a = 0.9$，图 6.9 与图 6.10 分别展现了柱的后屈曲几何构型的数值与逼近解的比较。随着 a 的增加，所提出的一阶逼近及摄动解已经开始偏离数值结果，然而所提出的二阶逼近结果仍然能给出数值结果的很好的近似。

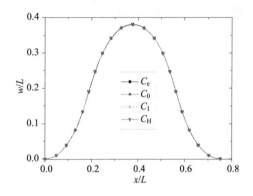
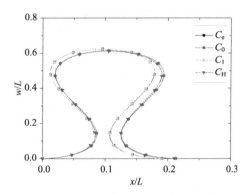

图 6.9 后屈曲几何构型的数值与逼近解的 比较（$a = 0.5$）　　图 6.10 后屈曲几何构型的数值与逼近解的 比较（$a = 0.9$）

6.2 钢铝合金复合钻柱举例分析

为了阐述所提出复合钻柱屈曲模型的有效性，考虑具有如下参数的复合钻柱：复合钻柱外表面材料为钢，弹性模量及剪切模量为 $E_1 = 210\text{GPa}$ 和 $G_1 = 84\text{GPa}$；相应的内表面材料用铝合金 $E_2 = 70\text{GPa}$ 和 $G_2 = 26.7\text{GPa}$。钻柱总长度 $L = 30\text{m}$，总厚度 $\delta = 25.4\text{mm}$，分如下四种情况进行分析：①外内表面钻柱厚度 $\delta_1 = 25.4\text{mm}$，$\delta_2 = 0\text{mm}$；②$\delta_1 = \delta_2 = 12.7\text{mm}$；③$\delta_1 = 4\text{mm}$，$\delta_2 = 21.4\text{mm}$；④$\delta_1 = 0\text{mm}$，$\delta_2 = 25.4\text{mm}$。对于给定的以上参数，可以求得相应的相当弯曲刚度 $(EI)_{\text{eq1}} = 2.33412 \times 10^6$，$(EI)_{\text{eq2}} = 1.83354 \times 10^6$，$(EI)_{\text{eq3}} = 1.1877 \times 10^6$，$(EI)_{\text{eq4}} = 0.77804 \times 10^6$。无量纲参数 $\Omega_1 = 0.00081185$，$\Omega_2 = 0.0013214$，$\Omega_3 = 0.0011593$，$\Omega_4 = 0.00085082$。

四种复合钻柱的临界屈曲压力分别为 $p_{\text{cr1}} = 102.212\text{kN}$；$p_{\text{cr2}} = 80.291\text{kN}$；$p_{\text{cr3}} = 43.4775\text{kN}$；$p_{\text{cr4}} = 34.070758\text{kN}$。对于给定两端压力条件下 $p = 80.2918\text{kN}$，四种复合钻柱的屈曲形状画在图 6.11 中。从图中可发现，随着钢材料在复合钻柱中所占比例减少，钻柱屈曲变形剧烈地增大，甚至失效；而当两种材料在各占一半附近时，钻柱的性能还是能够令人满意的，并且此时钻柱自身重量也比全用钢材料要低得多。

对于给定变形，如当 $a = 0.001$ 时，将四种复合情形钻柱的变形图画在图 6.12 中。此时钻柱两端所承受载荷分别为 $p_{cr1} = 102.212\text{kN}$；$p_{cr2} = 80.291\text{kN}$；$p_{cr3} = 43.4775\text{kN}$；$p_{cr4} = 34.070758\text{kN}$。此图说明了，要使四种复合情况钻柱达到相同变形，所需的两端压力剧减。也就是说承载能力降低很快；然而可以折中选取钢铝各占一半左右的情况，能达到令人比较满意的程度。

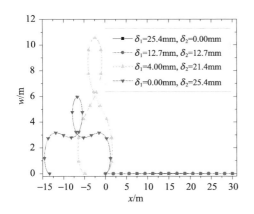

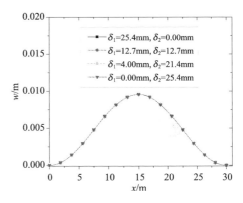

图 6.11　当 $p = 80.2918\text{kN}$ 时，四种复合钻柱　图 6.12　当 $a = 0.001$ 时，四种复合钻柱的屈曲
　　　　　的屈曲形状　　　　　　　　　　　　　　　　　　　形状

另外，对钢铝复合钻柱承载力加以分析：图 6.13～图 6.15 给出了随着钢材料在复合钻柱中所占的厚度变化，钻柱承载拉力、扭矩及弯矩的变化情况。从图中我们可以看出，随着钢材料所占成分的减少，承载能力逐渐下降，当钢的成分少

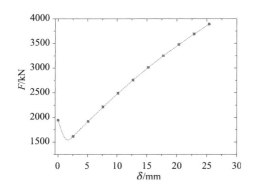

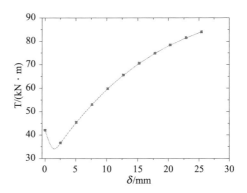

图 6.13　钢与铝合金复合的钻柱拉力承载能　图 6.14　钢与铝合金复合的钻柱扭矩承载能
　　　　　力随钢所占厚度变化图　　　　　　　　　　　　力随钢所占厚度变化图

到几毫米的程度，复合钻柱的承载能力还不如全是铝合金钻柱。但是我们可以发现，当钢铝合金两种材料在各占一半附近时，承载能力能达到令人满意的程度，而复合钻柱的重量要大大小于钢钻杆。

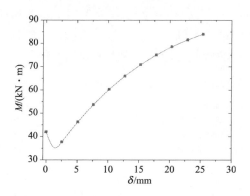

图 6.15　钢与铝合金复合的钻柱弯矩承载能力随钢所占厚度变化图

　　本章集中研究了复合钻柱的后屈曲变形问题。通过将 Maclaurin 级数展开、Chebyshev 多项式与牛顿-谐波平衡法相结合，建立该问题的后屈曲解析逼近解。选择典型例子，将所提出的解析公式与数值解及摄动解相比较给出该方法的精确性。该方法的突出优点是：比数值解更方便应用，并且显式解的表达式避免了贝塞尔特殊函数的应用，对于大变形的情形精度明显优于摄动解。本章的研究成果还可推广应用到其他结构的弹性稳定性问题。另外，通过分析钢与铝合金两种材料复合钻柱发现，虽然随着铝合金在钻柱材料中的比例增加，承载能力下降；但是当两种材料所占比例几乎相等时，复合钻柱的承载能力基本能令人满意，而此时钻柱的重量比全用钢材料要轻得多，并且耐磨性也显著增强。

第7章 钻柱振动的变截面杆模型研究

7.1 引　言

　　变截面或者变材料的非均匀结构单元(杆、梁、板、壳)，在航空、土木及机械工程领域都有广泛应用。例如，直升机的旋翼、飞机机翼、风机叶片、斜拉桥非棱柱形挂架、海洋立管结构桩、石油钻井平台支撑、油负荷终端、塔型结构和移动臂等(Swaddiwudhipong and Liu, 1996; Swaddiwudhipong and Liu, 1997; Wu and Hsieh, 2000; Chen and Liu, 2006; Yardimoglu, 2006; Gunda et al., 2007; Pradhan and Sarkar, 2009; Attarnejad et al., 2011; Shahba et al., 2011; Saboori and Khalili, 2012; Bambill et al., 2013; He et al., 2013; Rajasekaran, 2013a; Rajasekaran, 2013b; Baghani et al., 2014; Fang and Zhou, 2015; Mao, 2015)。特别是变截面圆柱结构模型可以用来模拟钻杆或者钻柱系统结构的屈曲及振动。当今，微纳变截面结构和设备，如生物传感器、原子力显微镜、微激发器、能量收集器及纳米探针已经广泛应用在微机电/纳机电系统领域中(Sadeghi, 2012; Akgoz and Civalek, 2013; Mohammadimehr et al., 2015; Sadeghi, 2015)。预测和决定变截面杆的静力及动力特性对于此结构的分析及设计是非常重要的。为了达到这个目的，我们可以通过解析逼近及数值方法来研究非均匀梁柱的力学性质。

　　许多学者研究过变截面梁、柱及杆的非线性问题：Georgian (1965) 提出了变截面悬臂梁和圆锥的线性振动问题的频率，通过与实验结果相比，证明了解析解的有效性。对于夹紧-自由、自由-自由边条，初始直的、均匀弹性杆的非线性振动问题，Wagner (1965)通过应用哈密顿原理、布勃诺夫的方法和阿特金森的叠加方法得到了逼近解。基于数值迭代程序，Rao 和 Rao (1988)提出了变截面梁大幅自由振动的简单计算公式。Dugush 和 Eisenberg (2002)，Shahba 和 Rajasekaran (2012)，Bambill 等(2013)，Rajasekaran (2013b)分别研究了移动荷载作用下的非均匀梁、曲铁木辛柯梁、旋转铁木辛柯梁及功能梯度变截面梁的振动问题。

　　大多数的变截面问题很难得到精确解。然而，对于一些特殊情形，某些特殊函数如贝塞尔、超几何分布函数可以用来得到解(Abrate, 1995; Auciello and Nole, 1998; Raj and Sujith, 2005)。然而，被限制在这些简单情形的精确解很难应用在更加实际的几何和材料性质或者载荷条件下的工程结构中。所以，逼近方法是另一种选择，比如瑞利和瑞兹方法（Sato, 1980; Auciello and Nole, 1998），Galerkin 方法（Abdel-Jaber et al., 2008; Karimpour et al., 2012），数值积分法（Sakiyama, 1985），模拟方程法（Katsikadelis and Tsiatas, 2004）。此外，庞加莱方法（Lenci et al., 2013），多尺度方法（Clementi et al., 2015），谐波平衡法及时间传递法（Abdel-Jaber et al., 2008）也被用来得到变截面梁柱非线性振动的解析逼近解。

　　本章将应用牛顿-谐波平衡法（Wu et al., 2006）构造变截面杆的非线性振动问题的解析逼近解，此解不仅表达及原理简单而且精度高。此种方法的不同之处在于，满足边界条件的空间许可位移函数是通过应用瑞利-瑞兹方法来选取的，它在表达上要比贝塞尔函数简单。解析逼近解的精确性是通过将其与数值解和经典的谐波平衡法相比较给出的（Sun W P et al., 2016）。

7.2　数学模型的建立

　　变截面杆及钻柱的示意图如图 7.1。物理及几何量参数如下：沿 y 轴的横向挠度 v 与沿 x 轴的轴向挠度 u；弹性模量 E，密度 ρ，杆或者钻柱长 L_1。注意：宽度 b 和厚度 h，以及钻柱半径 R 是沿着杆或者钻柱轴向线性变化的。杆最大端部的横截面面积及惯性矩分别为 $A_1 = b_1 h_1$ 及 $I_1 = b_1 h_1^3 /12$，其中 b_1 及 h_1 分别为杆的宽度和高度，而相应的最小端部的面积及惯性矩分别为 $A_0 = b_0 h_0$ 及 $I_0 = b_0 h_0^3 /12$。特别地，钻柱的最大端部的面积及惯性矩分别为 $A_1 = \pi R_1^2$，$I_1 = \pi R_1^4 /4$，最小端部的相应的量为 $A_0 = \pi R_0^2$，$I_0 = \pi R_0^4 /4$。假定杆的厚度(或者钻柱的半径)相比于杆(或者钻柱)的长度来说非常小，所以，转动惯量及剪切变形可以被忽略。钻柱(杆)的横向振动可以被认为是纯面内的，振动的幅值可以达到很大的值。

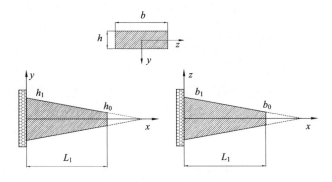

图 7.1　变截面杆及钻柱的示意图

系统的势能可以写成如下形式：

$$V = \frac{E}{2} \int_0^{L_1} I(s) k^2 \mathrm{d}s \tag{7.1}$$

其中，钻杆的动能 T 可表示为

$$T = \frac{1}{2} \rho \int_0^{L_1} A(s) \left[u^2 + v^2 \right] \mathrm{d}s \tag{7.2}$$

这里

$$k^2 = \left(\frac{\mathrm{d}\theta}{\mathrm{d}s} \right)^2 = \frac{\left(\mathrm{d}^2 v / \mathrm{d}s^2 \right)^2}{1 - \left(\mathrm{d}v / \mathrm{d}s \right)^2} \approx \left(\frac{\mathrm{d}^2 v}{\mathrm{d}s^2} \right)^2 \left[1 + \left(\frac{\mathrm{d}v}{\mathrm{d}s} \right)^2 \right] \tag{7.3}$$

与

$$u = s - \int_0^s \cos\theta \mathrm{d}\eta = s - \int_0^s \sqrt{1 - \left(\frac{\mathrm{d}v}{\mathrm{d}s} \right)^2} \mathrm{d}\eta \approx \frac{1}{2} \int_0^s \left(\frac{\mathrm{d}v}{\mathrm{d}s} \right)^2 \mathrm{d}\eta \tag{7.4}$$

u 表示由弯曲变形导致的钻杆轴向缩短。注意：方程（7.3）与方程（7.4）是在假定 $\left(\mathrm{d}v / \mathrm{d}s \right)^2 \ll 1$ 条件下得到的，了解这一点，对于在正确的范围内应用以上模型非常重要。于是，拉格朗日函数可以表示为

$$L = T - V \tag{7.5}$$

一个假设的单模态函数：

$$v(s,t) = \tilde{\phi}(s) q(t) \tag{7.6}$$

可以用来离散化连续拉格朗日函数。其中 $q(t)$ 是相应于给定挠度模态 $\tilde{\phi}(s)$ 的未知的时间模态函数。令 $\xi = s / L_1$，$\tilde{\varphi}(s) = L_1 \phi(\xi)$。其中，$\phi(\xi)$ 是无量纲的挠度模态函数，并且其满足 $\phi(1) = 1$。为简便记，满足几何边界条件的 $\phi(\xi)$ 取成如下形式：

$$\phi(\xi) = \sum_{i=1}^4 C_i \phi_i(\xi) = \sum_{i=1}^4 C_i \left[1 - \cos(i\xi) \right] \tag{7.7}$$

其中 $C_1 - C_4$ 是任意的常数，可以由瑞利-瑞兹法（Shames and Dym, 1985）确定。应用方程（7.1）～方程（7.6），拉格朗日函数重写为

$$L = \frac{1}{2} \rho \left(\tilde{\beta}_0 \dot{q}^2 + \tilde{\beta}_1 q^2 \dot{q}^2 - \frac{E}{\rho} \tilde{\beta}_2 q^2 - \frac{E}{\rho} \tilde{\beta}_3 q^4 \right) \tag{7.8}$$

其中

$$\tilde{\beta}_0 = L_1^3 \int_0^1 A(\xi) \phi(\xi)^2 \mathrm{d}\xi \tag{7.9}$$

$$\tilde{\beta}_1 = L_1^3 \int_0^1 A(\xi) \left\{ \int_0^\xi \left[\frac{\mathrm{d}\phi(\chi)}{\mathrm{d}\chi} \right]^2 \mathrm{d}\chi \right\}^2 \mathrm{d}\xi \tag{7.10}$$

$$\tilde{\beta}_2 = \frac{1}{L_1} \int_0^1 I(\xi) \left[\frac{\mathrm{d}^2\phi(\xi)}{\mathrm{d}\xi^2} \right]^2 \mathrm{d}\xi \tag{7.11}$$

$$\tilde{\beta}_3 = \frac{1}{L_1} \int_0^1 I(\xi) \left[\frac{\mathrm{d}\phi(\xi)}{\mathrm{d}\xi} \right]^2 \left[\frac{\mathrm{d}^2\phi(\xi)}{\mathrm{d}\xi^2} \right]^2 \mathrm{d}\xi \tag{7.12}$$

对于双型变截面杆，$A(\xi) = A_1 \left[1 - (1-\alpha)\xi \right]^2$ 及 $I(\xi) = I_1 \left[1 - (1-\alpha)\xi \right]^4$，其中，$\alpha = b_0/b_1 = h_0/h_1$；而对于楔形变截面杆，$A(\xi) = A_1 \left[1 - (1-\alpha)\xi \right]$ 与 $I(\xi) = I_1 \left[1 - (1-\alpha)\xi \right]^3$，其中，$a = h_0/h_1, b_0 = b_1$。特别对于变截面钻柱，$A(\xi) = A_1 \left[1 - (1-\alpha)\xi \right]^2$ 及 $I(\xi) = I_1 \left[1 - (1-\alpha)\xi \right]^4$，其中，$\alpha = R_0/R_1$。

对拉格朗日函数应用欧拉-拉格朗日方程，得

$$\frac{\mathrm{d}}{\mathrm{d}t} \left(\frac{\partial L}{\partial \dot{q}} \right) - \frac{\partial L}{\partial q} = 0 \tag{7.13}$$

位移非线性方程如下：

$$\tilde{\beta}_0 \ddot{q} + \tilde{\beta}_1 (q^2 \ddot{q} + q \dot{q}^2) + \frac{E}{\rho} (\tilde{\beta}_2 q + 2\tilde{\beta}_3 q^3) = 0 \tag{7.14}$$

式（7.14）可重写为

$$\beta_0 \ddot{q} + \beta_1 (q^2 \ddot{q} + q \dot{q}^2) + \Theta (\beta_2 + 2\beta_3 q^3) = 0 \tag{7.15}$$

其中，

$$\beta_0 = \int_0^1 A^* \phi(\xi)^2 \mathrm{d}\xi \tag{7.16}$$

$$\beta_1 = \int_0^1 A^* \left\{ \int_0^\xi \left[\frac{\mathrm{d}\phi(\chi)}{\mathrm{d}\chi} \right]^2 \mathrm{d}\chi \right\}^2 \mathrm{d}\xi \tag{7.17}$$

$$\beta_2 = \int_0^1 I^* \left[\frac{\mathrm{d}^2\phi(\xi)}{\mathrm{d}\xi^2} \right]^2 \mathrm{d}\xi \tag{7.18}$$

$$\beta_3 = \int_0^1 I^* \left[\frac{\mathrm{d}\phi(\xi)}{\mathrm{d}\xi} \right]^2 \left[\frac{\mathrm{d}^2\phi(\xi)}{\mathrm{d}\xi^2} \right]^2 \mathrm{d}\xi \tag{7.19}$$

$$\Theta = \frac{EI_1}{\rho A_1 L_1^4} \tag{7.20}$$

对于双型变截面杆 $A^* = \left[1-(1-\alpha)\xi\right]^2$ 及 $I^* = \left[1-(1-\alpha)\xi\right]^4$，$\alpha = b_0/b_1 = h_0/h_1$，而对于楔形杆 $A^* = \left[1-(1-\alpha)\xi\right]$ 及 $I^* = \left[1-(1-\alpha)\xi\right]^3$，$\alpha = h_0/h_1, b_0 = b_1$。特别对于变截面钻柱，$A^* = \left[1-(1-\alpha)\xi\right]^2$ 及 $I^* = \left[1-(1-\alpha)\xi\right]^4$，其中，$\alpha = R_0/R_1$。

接下来，引入一个新的变量：

$$\tau = t\sqrt{\Omega\Theta} \tag{7.21}$$

那么，无量纲方程可得到

$$\Omega \cdot f(q'', q', q) + g(q) = 0 \tag{7.22}$$

其中，

$$f(q'', q', q) = q'' + \varepsilon_1(q^2 q'' + q q'^2) \tag{7.23}$$

$$g(q) = \varepsilon_2 q + \varepsilon_3 q^3 \tag{7.24}$$

相应的无量纲参数为

$$\varepsilon_1 = \frac{\beta_1}{\beta_0}, \varepsilon_2 = \frac{\beta_2}{\beta_0}, \varepsilon_3 = \frac{2\beta_3}{\beta_0} \tag{7.25}$$

记 " ' " 为对于 τ 的导数符号。新的变量的引进使得式 (7.22) 的解的周期为 2π。相应的钻柱振动无量纲频率为 $\omega = \sqrt{\Omega}$。从式 (7.22) 可知，近似无量纲线性频率为 $\omega_{La} = \sqrt{\Omega_{La}} = \sqrt{\varepsilon_2}$，相应的基频参数是 $\varpi_{La} = \sqrt{\Omega_{La}\Theta} = \omega_{La}\sqrt{\Theta} = \sqrt{\Theta\varepsilon_2}$。类似地，精确的基频参数为 $\varpi_L = \sqrt{\Omega_L\Theta} = \omega_L\sqrt{\Theta}$。

7.3　模型求解方法

这部分中，牛顿谐波平衡法 (Wu et al., 2006) 将用来求解方程 (7.22)。初始的条件由下式给定：

$$q(0) = a, q'(0) = 0 \tag{7.26}$$

其中 a 表示位移的幅值。周期解 $q(\tau)$ 及频率 $\omega = \sqrt{\Omega}$ 都依赖于幅值 a。周期解 $q(\tau)$ 可以由包含 τ 的奇数倍傅里叶级数的展开式表示：

$$q(\tau) = \sum_{j=1}^{\infty} z_j \cos\left[(2j-1)\tau\right] \tag{7.27}$$

由单项谐波平衡逼近，令

$$q_1(\tau) = a\cos\tau \tag{7.28}$$

上式满足初始条件 (7.26)。将式 (7.28) 代入式 (7.22) 中，并且将结果方程展成三角级数，然后令 $\cos\tau$ 系数为零，得到

$$16a + 12a^3\varepsilon_2 + (-16a - 8a^3\varepsilon_1 - 6a^5\varepsilon_3)\Omega = 0 \tag{7.29}$$

此式可将频率平方 Ω 作为幅值 a 的函数解出

$$\Omega_1(a) = \frac{4\varepsilon_2 + 3a^2\varepsilon_3}{4 + 2a^2\varepsilon_1} \tag{7.30}$$

于是非线性振子的无量纲频率的第一阶逼近为

$$\omega_1(a) = \sqrt{\Omega_1(a)} = \sqrt{\frac{4\varepsilon_2 + 3a^2\varepsilon_3}{4 + 2a^2\varepsilon_1}} \tag{7.31}$$

同时，相应的周期解可用下式得到

$$q_1(\tau) = a\cos\tau, \tau = \omega_1(a)\sqrt{\Theta}t \tag{7.32}$$

到此为止，关于方程(7.22)与方程(7.26)的初始逼近周期解 $q_1(\tau)$ 及频率平方 $\Omega_1(a)$ 已经得到。下一步，将牛顿谐波平衡法用于求解方程(7.22)与方程(7.26)。首先，将牛顿线性化过程应用于方程(7.22)与方程(7.26)。于是，周期解与振动频率的平方项可以表示为

$$q = q_1 + \Delta q_1, \Omega = \Omega_1 + \Delta\Omega_1 \tag{7.33}$$

将式(7.33)带入到方程(7.22)与方程(7.26)中，然后将其关于 Δq_1 及 $\Delta\Omega_1$ 线性化得到

$$\begin{aligned}
&\left(\Omega_1 + \Delta\Omega_1\right)f\left(q_1'', q_1', q_1\right) + g\left(q_1\right) + g_q\left(q_1\right) \cdot \Delta q_1 \\
&+ \Omega_1 \cdot \left[f_{q'}\left(q_1'', q_1', q_1\right)\Delta q_1'' + f_{q'}\left(q_1'', q_1', q_1\right)\Delta q_1' + f_q\left(q_1'', q_1', q_1\right)\Delta q_1 \right]
\end{aligned} \tag{7.34}$$

$$\Delta q_1(0) = 0, \Delta q_1'(0) = 0 \tag{7.35}$$

此处， Δq_1 是 τ 的以 2π 为周的函数，同时， Δq_1 和 $\Delta\Omega_1$ 都是未知函数。关于 Δq_1 与 $\Delta\Omega_1$ 的结果方程(7.34)与方程(7.35)将用谐波平衡法来求解。

式(7.22)的第二阶逼近的增量 Δq_1 可以取成如下形式：

$$\Delta q_1(\tau) = z_1\left(\cos\tau - \cos 3\tau\right) \tag{7.36}$$

式(7.36)满足初条件(7.35)。将式(7.28)与式(7.36)代入到方程(7.34)中，然后，将结果方程展成三角级数，最后再令 $\cos\tau$ 与 $\cos 3\tau$ 的系数分别为0，得到

$$4a\varepsilon_2 + 3\varepsilon_3 a^3 - \left(4a + 2\varepsilon_1 a^3\right)\left(\Omega_1 + \Delta\Omega_1\right) + \left(4\varepsilon_2 + 6\varepsilon_3 a^2 - 4\Omega_1\right)z_1 = 0 \tag{7.37}$$

$$\varepsilon_3 a^3 - 2\varepsilon_1 a^3\left(\Omega_1 + \Delta\Omega_1\right) + \left[-4\varepsilon_2 - 3\varepsilon_3 a^2 + \Omega_1\left(36 + 14\varepsilon_1 a^2\right)\right]z_1 = 0 \tag{7.38}$$

求解方程(7.37)与方程(7.38)，得到未知数 z_1 与 $\Delta\Omega_1$ 的表达式如下：

$$\Delta\Omega_1(a) = \frac{a^4\left(2\varepsilon_1\varepsilon_2 - \varepsilon_3 + \varepsilon_1\varepsilon_3 a^2\right)\left(2\varepsilon_1\varepsilon_2 + 3\varepsilon_3 + 3\varepsilon_1\varepsilon_3 a^2\right)}{\left(2 + \varepsilon_1 a^2\right)\left[64\varepsilon_2 + \left(56\varepsilon_1\varepsilon_2 + 48\varepsilon_3\right)a^2 + \left(10\varepsilon_1^2\varepsilon_2 + 39\varepsilon_1\varepsilon_3\right)a^4 + 6\varepsilon_1^2\varepsilon_3 a^6\right]}$$

$$\tag{7.39}$$

$$z_1(a) = \frac{\left(2 + \varepsilon_1 a^2\right)\left(2\varepsilon_1\varepsilon_2 - \varepsilon_3 + \varepsilon_1\varepsilon_3 a^2\right) a^3}{64\varepsilon_2 + \left(56\varepsilon_1\varepsilon_2 + 48\varepsilon_3\right) a^2 + \left(10\varepsilon_1^2\varepsilon_2 + 39\varepsilon_1\varepsilon_3\right) a^4 + 6\varepsilon_1^2\varepsilon_3 a^6} \quad (7.40)$$

应用方程（7.39）的结果，周期解及频率的第二阶逼近可表示为

$$\omega_2(a) = \sqrt{\frac{128\varepsilon_2^2 + \left(48\varepsilon_1\varepsilon_2^2 + 192\varepsilon_2\varepsilon_3\right) a^2 + \left(70\varepsilon_1\varepsilon_2\varepsilon_3 + 69\varepsilon_3^2\right) a^4 + 24\varepsilon_1\varepsilon_3^2 a^6}{128\varepsilon_2 + 2\left(56\varepsilon_1\varepsilon_2 + 48\varepsilon_3\right) a^2 + 2\left(10\varepsilon_1^2\varepsilon_2 + 39\varepsilon_1\varepsilon_3\right) a^4 + 12\varepsilon_1^2\varepsilon_3 a^6}}$$

$$(7.41)$$

与

$$q_2(t) = q_1(\tau) + \Delta q_1(\tau) = a\cos\tau + (\cos\tau - \cos 3\tau) z_1(a), \tau = \omega_2(a)\sqrt{\Theta} t \quad (7.42)$$

　　由上面的求解过程，我们可以清楚地看到本章所提出的构造解析逼近解的过程，特别是仿照上面的过程，更高阶的解析逼近解可以被构造出来。为了节省篇幅，更高阶的解析逼近解将不给出，读者可以自行推导。注意到，我们给出的方法可以构造任意想要的逼近解的阶数，但是，逼近解的表达式将会非常冗长。在下一部分中，我们将向读者展示本章所提出的二阶逼近解可以给出非线性振子式(7.22)与式(7.26)的精确(数值)解良好的逼近效果。

　　此外，为了方便比较及给出本章提出的解析逼近解的精度，关于方程(7.22)与方程(7.26)的经典两项谐波平衡法的结果通过下式给出：

$$y = \frac{4\varepsilon_2 a + 3\varepsilon_3 a^3 - 4a\omega_H^2 - 2\varepsilon_1\omega_H^2 a^3 + \left(9\varepsilon_3 a - 14\varepsilon_1\omega_H^2 a\right) y^2 + \left(6\varepsilon_3 - 16\varepsilon_1\omega_H^2\right) y^3}{4\omega_H^2 - 4\varepsilon_2 - 6\varepsilon_3 a^2}$$

$$(7.43)$$

$$\omega_H^2 = \frac{4\varepsilon_2 y - \varepsilon_3 a^3 + 3\varepsilon_3 y a^2 + 9\varepsilon_3 a y^2 + 8\varepsilon_3 y^3}{2\left(18y - \varepsilon_1 a^3 + 7\varepsilon_1 y a^2 + 17\varepsilon_1 a y^2 + 18\varepsilon_1 y^3\right)} \quad (7.44)$$

$$q_H(t) = a\cos\tau + y(\cos\tau - \cos 3\tau), \tau = \omega_H(a)\sqrt{\Theta} t \quad (7.45)$$

虽然，在表达上不算繁琐，但是式(7.43)及式(7.44)不能给出显式的解析逼近解，而只能通过数值迭代解法给出此问题的数值解。也就是说，两项经典谐波平衡法只能得到非线性振子系统(7.22)与(7.26)的数值解。与经典的两项谐波平衡法不同的是，本章提出的解析逼近法是将牛顿线性化过程先于谐波平衡过程执行的，这使得原方程化为一系列的线性代数方程，而不是非线性方程组。所以，原方程(7.22)与(7.26)高阶的解析逼近解得以构造。

7.4　结果与讨论

　　在本部分中，本章提出的解析逼近解的精确性将通过与由打靶方法得到的精确解(数值)及经典的两项谐波平衡法的结果相比较给出。对于楔形变截面杆，双

型变截面杆及变截面钻柱，本章提出的线性振动频率 ω_{LA}，Georgian（1965）提出的解析及实验线性频率 ω_{LGA} 及 ω_{LGE}，Rao 与 Rao（1988）提出的结果 ω_{LRR} 分别列在表 7.1 与表 7.2 中。从表 7.1 与表 7.2 可以看出，本章所提出的逼近结果能够给出精确（数值）解及实验结果非常好的逼近。所以，所提出的空间模态 $\tilde{\phi}(s)=L_1\phi(\xi)$，其中 $\phi(\xi)$ 由方程（7.7）给出，对于计算楔形、双型变截面杆及变截面钻柱的振动基频已经足够精确了。

表 7.1　悬臂楔形变截面杆的线性自由振动的最小自然频率参数 ω_L 比较结果

a	ω_{LA}	ω_{LGA}	ω_{LGE}	ω_{LRR}
1.000	3.521	3.516	3.55	3.516
0.800	3.610	3.608	—	3.608
0.797	3.611	—	3.65	3.610
0.600	3.737	3.737	—	3.737
0.592	3.743	—	3.82	3.743
0.407	3.926	—	3.99	3.926
0.400	3.934	3.934	—	3.934
0.206	4.278	—	4.31	4.277
0.200	4.293	4.292	—	4.292

令 ω_N 表示变截面杆及钻柱的非线性振动频率。所提出的非线性频率的解析逼近解的精确性将通过与打靶方法得到的精确（数值）频率 ω_e 及经典的两项谐波平衡法得到的结果 ω_H 比较来给出。其中，ω_1，ω_2 分别代表所提出的非线性频率的第一阶及第二阶逼近解。对于变截面比率 $\alpha=0.1,0.3,0.5$，楔形及双型变截面杆的非线性频率 ω_e，ω_1，ω_2 随着振幅 a 的变化情况分别展现在图 7.2 及图 7.3 中。

表 7.2　悬臂双型变截面杆的线性自由振动的最小自然频率参数 ω_L 比较结果

a	ω_{LA}	ω_{LGA}	ω_{LGE}	ω_{LRR}
1.000	3.521	3.516	3.59	3.516
0.803	3.850	—	3.88	3.849
0.601	4.316	—	4.41	4.316
0.500	4.625	4.625	—	4.625
0.411	4.963	—	4.96	4.962
0.333	5.329	5.289	—	5.328
0.250	5.825	5.85	—	5.823
0.207	6.142	—	6.13	6.140
0.100	7.209	7.201	—	7.205

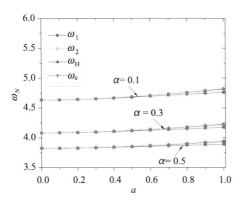

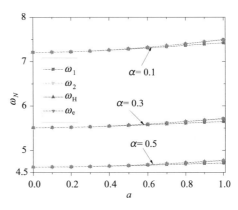

图 7.2　楔形变截面杆的非线性频率的解析逼　　图 7.3　双型变截面杆的非线性频率的解析逼
　　　　近解与精确(数值)结果的比较　　　　　　　　　近解与精确(数值)结果的比较

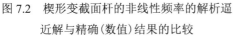
$\alpha = 0.1, 0.3, 0.5$　　　　　　　　　　　　　　　$\alpha = 0.1, 0.3, 0.5$

　　根据图 7.2 和图 7.3，所考虑的例子展现了软非线性弹簧的行为特征。并且从图 7.2 和图 7.3 可以发现，当振动幅值在 $a < 0.5$ 范围内时，式(7.31)和式(7.41) 可以给出精确(数值)频率的很好的逼近，但是式(7.31)在 $a > 0.5$ 时，已经不是很精确了。特别地，对于楔形截面杆，当 $\alpha = 0.1$，$a = 0.8$ 时，逼近频率 ω_2 相对于精确(数值)频率 ω_e 的相对误差只有 0.0427%；然而，相应的逼近频率 ω_1 相对于精确(数值)频率 ω_e 的相对误差却为 0.657%。注意到无量纲振动幅值 $a = 0.8$ 是一个很大的值，其含义是最大位移与梁的长度比值达到 0.8。此外，由于逼近解是无量纲振幅 a 的显式函数，于是，所给出的解析逼近解相比于精确(数值)解及经典的两项谐波平衡结果，更容易被用来研究变截面杆及钻柱的振动特性。

　　对于 $\alpha = 0.1, a = 0.1$，$\alpha = 0.3, a = 0.5$ 及 $\alpha = 0.5, a = 0.8$，图 7.4 和图 7.5 分别展示了楔形变截面杆、双型变截面杆的相轨迹的解析逼近解与精确(数值)结果的比较。这些图形表明由式(7.42)得到的解析逼近相轨迹能够给出精确(数值)结果很好的逼近效果。此外，当振动幅值不是很大，比如当 $a < 0.5$ 时，式(7.32)也可以给出精确(数值)结果可接受的逼近效果。

　　本章将拉格朗日法与牛顿谐波平衡法相结合来研究楔形、双型变截面杆及变截面钻杆的大幅振动的行为特征。通过选取满足几何边界条件的许可横向位移函数，构造了楔形、双型变截面杆及变截面钻杆的大幅振动问题的简短解析逼近解，通过与打靶方法得到的精确(数值)解相比较，给出所提出逼近解精度的有效性。所提出构造解析逼近解的方法具有一般性，可直接或者稍加改进应用于圆形或矩形板的大幅振动问题。

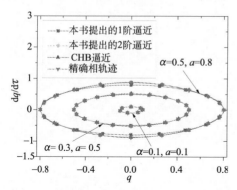 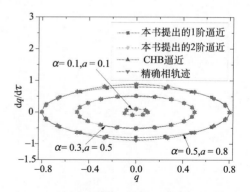

图 7.4 楔形变截面杆的相轨迹的解析逼近解 图 7.5 双型变截面杆的相轨迹的解析逼近解
与精确(数值)结果的比较 与精确(数值)结果的比较
$\alpha=0.1, a=0.1$; $\alpha=0.3, a=0.5$ 及 $\alpha=0.5, a=0.8$ $\alpha=0.1, a=0.1$; $\alpha=0.3, a=0.5$ 及 $\alpha=0.5, a=0.8$

第8章 钻探用MEMS/NEMS传感器微梁稳定性研究

近年来，MEMS/NEMS(微/纳机电系统)陀螺仪传感器等设备，在深部大陆科学钻探装备系统(钻井平台、钻柱姿态测量、钻头探测等)中得到越来越广泛的应用。本章主要建立力学模型分析研究MEMS/NEMS陀螺仪传感器的稳定性问题。通过建立MEMS/NEMS微梁结构的非线性力学模型，给出了弥散场效应及Casimir力等因素对MEMS/NEMS微梁的非线性行为的影响。通过能量法提出相应问题的解析逼近解，此方法还能够研究解的稳定性。这些逼近解表达简短，用来研究系统中的物理及几何参数对微梁行为的影响很方便。本章主要研究两端固支的静电场驱动微梁的非线性行为，分别考虑一边有电极板和两边都有电极板的情形。本章第2节在忽略了弥散场效应及Casimir力的情况下研究MEMS微梁的非线性行为；而第3节充分考虑弥散场效应及Casimir力的作用，给出NEMS微梁的非线性吸合参数与其的依赖关系。方程的解是由能量法得到的，此方法还能够研究解的稳定性。通过选取适当的微梁挠度形函数，可避免应用泰勒展式和将静电力项分母乘到方程两边，而求得显式的微梁屈曲及后屈曲响应的封闭解。第2节和第3节分别通过典型例子来阐述所给出方法的有效性及精确性：无论对于小变形还是大变形，逼近解与打靶法得到的数值解(Yu et al., 2012)吻合度都较好。这些逼近解表达简短，可以很方便地用来研究系统中的物理及几何参数对微梁行为的影响，以及估量残余应力与材料弹性模量。

8.1 引 言

MEMS/NEMS(微/纳机电系统)设备在深部大陆科学钻探装备(如MEMS陀螺仪传感器在钻井平台的应用)、医疗、生物、汽车、宇航、通信等领域有广泛应用，其轻质、小尺度、低能耗及经久耐用的特点，使其越来越引人注目。相应的技术已引起射频(RF)及微波领域的革命。众多的国际知名研究机构已经展开了RF-MEMS开关技术的研究(Peroulis et al., 2002; Zhao et al., 2006; Sharma et al., 2007)。每年MEMS/NEMS器件的销售量成倍增长，随着硅微机械加工技术的发展，其未来的市场前景更为广阔。MEMS/NEMS技术不断向前发展，驱动源由原来的静电场发展到磁场及光辐射源，特别是近年来又有新突破：纳米微机械系统谐振器具有被用于制造纳米尺度质谱检测仪的潜质，其可用来测量分子质量以及其他物理量，如量子态，角动量，载荷。此外，科学家还发现

MEMS/NEMS 器件具有对生物分子及细胞进行探测的能力，由于其前所未有的探测灵敏度甚至达到单个分子的分辨率，其可用来诊断重要疾病，比如癌症，此种能力克服了传统生物灵敏度仪器的"诊断灰色地带"缺点。MEMS/NEMS(微机电系统/纳米机电系统)中的残余应力、温度、吸合电压、弹性模量、分子间作用力(如 van der Waals 力，Casimir 力)、弥散场效应以及几何参数等对系统工作有重要影响。因此确定 MEMS 结构的行为与这些参数的依赖关系对其设计与控制有重要意义。

静电场激发的 MEMS 结构存在能使其不稳定的固有非线性，这种非线性不仅来自于结构几何大变形，更主要来自于静电载荷(跟微梁结构与激发电极板距离平方成反比)，后者激发的系统非线性会使 MEMS 结构产生"吸合"现象，其表明 MEMS 结构已达到电压及挠度的极限状态。这种现象的不稳定点对应的电压和挠度分别称为吸合电压和吸合挠度，即吸合参数(Senturia, 2001)。Nathanson 等(1967)首次研究了这种 MEMS 结构吸合不稳定平衡状态。当激发电压超过某个临界值，系统不存在稳定平衡路径，并且系统结构失效，坍塌在电极板上。另外，微梁(或薄膜)的材料参数，如杨氏模量及残余应力等都可以从微梁试件的吸合状态研究中提取出来(Elata and Abu-Salih, 2005)。所以分析清楚静电场激发的结构的稳定性对于 MEMS 结构的成功设计起决定性作用。

MEMS 结构变形的连续模型经常作为经典激发微梁结构的力学模型，基于此模型，许多分析方法可供选择：夹紧梁的大变形静力学及动力学吸合状态由 Younis 等(2003)通过缩减阶模型方法研究；宏观模型构建方法由 Gabbay 等(2000)提出来；缩减阶模型研究现状由 Nayfeh 等(2005)回顾；承受静电分布载荷及非线性挤压油膜阻尼的夹紧微梁的动力学吸合不稳定性由 Krylov (2007)分析。注意到，在文献(Gabbay et al., 2000; Younis et al., 2003; Nayfeh et al., 2005; Krylov, 2007)中，缩减阶模型都是通过 Galerkin 法与无阻尼线性模态相结合进行的，并且与数值打靶法及有限差分法比较阐述其有效性的。然而，包含机电载荷非线性项的系统连续解析描述还有待于研究。为了处理这个问题，文献(Krylov, 2007)只提出了数值方法，而没有给出进一步的解析研究。另外一种方法是将静电力项展成泰勒级数，但是这样会使得精度比较低，甚至展到高阶项也无法起到补偿精度的作用(Younis et al., 2003; Nayfeh et al., 2005)。Younis 等(2003)提出了一种不同的方法：将静电力项的分母同时乘到方程两边之后，再应用离散化技术处理结果方程。对于大位移情形，最少只用前三阶线性对称模态，最多不超过前五阶模态就能精确预测吸合不稳定点位置。更重要的是，这种方法提出了一个可供深入研究解析解的模型。相反，在用 Galerkin 法离散之前，位移方程两边不乘静电力项分母，单模态逼近也足以预测大位移平衡路径(包括吸合点)(Gutschmidt, 2010)。然而，降阶模型的系数需要用数值方法解积分方程，此方法在研究首次分支点及吸合不稳定性点时将遇到挑战。对于压电微梁屈曲及非线性振动的研究，建议读者参看文献（Li and Balachandran, 2006; Li et al., 2006, 2008）。虽然激发原理不同，但是结构几何级轴向载荷的影响与目前的研究工作是相似的。另外，静屈曲对于动力学行为将产生相当大的影响，MEMS 结构的动力学行为的研究不在本章中阐述。

众所周知，"弥散场"总是存在于真实的 MEMS 结构中，因为一个均匀磁场或者电场在其边缘处不可能突然降为零（Gupta, 1997）。由于弥散场效应的存在，系统的非线性变得更强了，吸合电压将更难于提取和计算（Huang et al., 2001; Zhang and Zhao, 2003）。更进一步，随着系统构件的间隙（如微梁与电极板边缘的间隙）不断减小——比如从微米量级到达纳米量级，以前 MEMS 结构研究中忽略的分子之间相互作用力在 NEMS 结构中的影响将变得足够大，所以 NEMS 结构设计、制造及优化必须考虑分子作用力。当构件的两个相对面的距离小到一定距离（如在 20~1000nm），分子作用力可以被简化为 Casimir 力（Casimir, 1948），其与间距的 4 次方成反比（Mostepanenko and Trunov, 1997; Lamoreaux, 2005）。许多学者研究了 Casimir 力对于 MEMS/NEMS 开关器件的吸合参数影响。Chan 等（2001）应用微机械扭转器件研究了 Casimir 力对纳/微机电系统的作用，他们的结果表明当间距在纳米尺度时，量子电动力学对 MEMS/NEMS 器件的行为产生重要影响。利用摄动理论，Lin 与 Zhao（2005）提出了一个解析逼近解来研究 Casimir 力对系统吸合电压及吸合挠度的影响。Batra 等（2008）在考虑 von Kármán 非线性及 Casimir 力的情况下，发展了夹紧矩形和圆形静电激励的微板降阶模型，吸合参数是由位移迭代吸合提取方法得到的。使用微分求积方法（DQM），在考虑了静电力、Casimir 力、轴向残余应力的情况下，Jia 等（2011）研究了微开关器件的非线性吸合特性。而 Noghrehabadi 等（2012）则把 Adomian 分解法与 Padé 逼近相结合来研究纳米机电悬臂梁的吸合不稳定性。在此之后，Duan 等（2013）改进了 Adomian 分解法以研究单侧及双侧型 MEMS/NEMS 微梁的非线性响应，在此研究中，对于适当的间隙距离，范德瓦尔斯力与 Casimir 力被予以考虑。本章主要研究两端固支的静电场驱动微梁的非线性行为，分别考虑一边有电极板和两边都有电极板的情形，针对忽略弥散场效应及 Casimir 力的情况及充分考虑弥散场效应及 Casimir 力的作用这两种情况，给出 NEMS 微梁的非线性吸合参数与其的依赖关系（Wu et al., 2013; Yu and Wu, 2014b; Sun and Yu, 2015; Sun Y H et al., 2015b, 2015d, 2016b）。

8.2　固支 MEMS 微梁后屈曲变形力学模型及其求解

8.2.1　控制方程及总势能

本节分别考虑单侧电极(I 型)和双侧电极(II 型)微梁结构的屈曲及后屈曲变形问题。一个典型的单侧电极微梁系统的示意图如图 8.1。本模型中,微梁与电极板间的间隙相比于梁长非常小,残余应力保持为常数,不考虑其梯度。无量纲的非线性积分-微分平衡方程如下(Fang and Wickert, 1994; Gupta, 1997; Elata and Abu-Salih, 2005; Krylov, 2007; Krylov et al., 2008; Gutschmidt, 2010):

$$\frac{\mathrm{d}^4W}{\mathrm{d}s^4} - \tilde{\sigma}\frac{\mathrm{d}^2W}{\mathrm{d}s^2} - 6\tilde{E}r^2\left[\int_{-0.5}^{0.5}\left(\frac{\mathrm{d}W}{\mathrm{d}s}\right)^2\mathrm{d}s\right]\frac{\mathrm{d}^2W}{\mathrm{d}s^2} = Q(W) \tag{8.1}$$

边界条件:

$$W(-0.5) = \frac{\mathrm{d}W}{\mathrm{d}s}(-0.5) = W(0.5) = \frac{\mathrm{d}W}{\mathrm{d}s}(0.5) = 0 \tag{8.2}$$

其中,

$$s = \frac{x}{L}, W = \frac{w}{g}, r = \frac{g}{h}, \frac{\tilde{\sigma}}{(2\pi)^2} = \frac{\sigma}{|\sigma_{Eu}|}, U^2 = \frac{6\varepsilon_0 L^4 V^2}{E^* g^3 h^3},$$

$$\tilde{E} = \frac{E}{E^*} \qquad \sigma_{Eu} = -4\pi^2 E^* I/(AL^2) \tag{8.3}$$

$$Q(W) = U^2/(1-W)^2 \qquad 对于\ I\ 型 \tag{8.4}$$

$$Q(W) = 4U^2 W/(1-W^2)^2 \qquad 对于\ II\ 型 \tag{8.5}$$

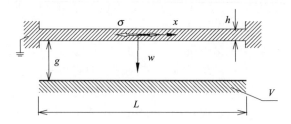

图 8.1　两端固支的单侧电极微梁结构示意图

式(8.1)～式(8.5)中,$x \in [-L/2, L/2]$ 是系统的水平坐标;w 为描述梁的后屈曲挠度的纵坐标,并且梁的中点作为坐标系统的原点;E^* 为梁的有效弹性模量且

由公式 $E^* = E/(1-\upsilon^2)$ 给出，E 为杨氏弹性模量，υ 为泊松比；$I = b_0 h^3/12$ 为梁横截面的惯性矩，b_0 为梁宽，h 为梁的厚度 $(b_0 > h)$；L 为梁的长度，σ 为轴向残余应力，ε_0 为自由空间的介电常数，$A = b_0 h$ 为梁横截面面积，g 为微梁与电极板边界的间距，V 为固定电极边界板的电势。

由于静电激发的 MEMS 微梁结构后屈曲行为的控制方程是非线性积分-微分方程，所以精确解是很难得到的。本节的主要目的是通过应用能量法及给定微梁挠度函数来构造此问题的解析逼近解。

此系统的总势能包括三个部分 (Shames and Dym, 1985; Elata and Abu-Salih, 2005)：弯曲应变能、与残余应力及薄膜应力相应的弹性势能、静电场固有的电势能。与式 (8.1) 相对应的无量纲总势能写为

$$\Pi = \frac{1}{2}\int_{-0.5}^{+0.5}\left(\frac{\mathrm{d}^2 W}{\mathrm{d}s^2}\right)^2 \mathrm{d}s + \frac{1}{24\tilde{E}r^2}\left[\tilde{\sigma} + 6\tilde{E}r^2\int_{-0.5}^{+0.5}\left(\frac{\mathrm{d}W}{\mathrm{d}s}\right)^2\mathrm{d}s\right]^2 - U^2\int_{-0.5}^{+0.5}P(W)\mathrm{d}s \quad (8.6)$$

其中，

$$P(W) = \frac{1}{1-W} \qquad \text{对于 I 型} \qquad (8.7)$$

$$P(W) = \frac{1}{1-W} + \frac{1}{1+W} \qquad \text{对于 II 型} \qquad (8.8)$$

注意到本节的力学模型忽略了弥散场效应及分子间作用力的影响，但是由于本节的研究尺度为微米量级，所以这样的假设不影响对微梁变形响应特性的研究 (Casimir, 1948; Pamidighantam et al., 2002; Koochi et al., 2012)。

8.2.2　求　解　方　法

在本部分中，Rayleigh-Ritz 法 (Shames and Dym, 1985) 被用来推导解析逼近解，于是，挠度函数 $W(s)$ 表示为

$$W(s) = cW_0(s) \qquad (8.9)$$

其中 $W_0(s)$ 为满足边界条件 (8.2) 的挠度形函数，系数 c 是形函数的幅值。基于微梁几何及变形的对称性，一个合理而简单的形函数被取为

$$W_0(s) = \frac{1}{2}\left[1 + \cos(2\pi s)\right], \quad s \in [-0.5, 0.5] \qquad (8.10)$$

将式 (8.9) 与式 (8.10) 相结合可以看出，系数 c 就是微梁正规化最大挠度，从无量纲量 $W(s)$ 的定义式 (8.3) 可知，系数 c 应该满足限制 $c < 1$。将式 (8.9) 与式 (8.10) 代入到式 (8.6) 与式 (8.8) 中，有

$$\Pi(c) = \frac{\tilde{\sigma}^2}{24\tilde{E}r^2} + \frac{\pi^2}{4}\left(4\pi^2 + \tilde{\sigma}\right)c^2 + \frac{3\pi^4\tilde{E}r^2}{8}c^4 - U^2 Z(c) \tag{8.11}$$

其中，

$$Z(c) = \frac{1}{\left(1-c\right)^{1/2}} \quad \text{对于 I 型} \tag{8.12}$$

$$Z(c) = \frac{1}{\left(1-c\right)^{1/2}} + \frac{1}{\left(1+c\right)^{1/2}} \quad \text{对于 II 型} \tag{8.13}$$

注意到通过选择微梁挠度形函数，应用 Rayleigh-Ritz 法，我们能得到静电场固有势能的显式表达式，这使得构造解析逼近解成为可能。

系统处于静平衡状态的充分必要条件是总能量 $\Pi(c)$ 对 c 的一阶导数为零（Shames and Dym, 1985; Legtenberg et al., 1997; Hu, 2006），即

$$\pi^2 c\left(4\pi^2 + \tilde{\sigma} + 3\pi^2\tilde{E}r^2c^2\right) - \frac{U^2}{\left(1-c\right)^{3/2}} = 0 \quad \text{对于 I 型} \tag{8.14}$$

$$\pi^2 c\left(4\pi^2 + \tilde{\sigma} + 3\pi^2\tilde{E}r^2c^2\right) - U^2\left[\frac{1}{\left(1-c\right)^{3/2}} - \frac{1}{\left(1+c\right)^{3/2}}\right] = 0 \quad \text{对于 II 型} \tag{8.15}$$

从式(8.14)与式(8.15)中，U^2 能被解出并表达成微梁中点挠度 c 的函数：

$$U^2 = \pi^2 c\left(1-c\right)^{3/2}\left(4\pi^2 + \tilde{\sigma} + 3\pi^2\tilde{E}r^2c^2\right) \quad \text{对于 I 型} \tag{8.16}$$

$$U^2 = \pi^2 c\left(4\pi^2 + \tilde{\sigma} + 3\pi^2\tilde{E}r^2c^2\right)\Big/\left[\left(1-c\right)^{-3/2} - \left(1+c\right)^{-3/2}\right] \quad \text{对于 II 型} \tag{8.17}$$

对于 II 型，任意给定 U，$c = 0$ 总是方程(8.15)的一个解，所以静电分支点为 $c = 0$ 及 $U^2 = \pi^2\left(4\pi^2 + \hat{\sigma}\right)/3$。当电压值低于这个临界值，微梁不会有横向位移产生。

在式(8.16)和式(8.17)中，系数"c"将被看做独立变量，而"U^2"则是因变量，作为 c 的函数。注意到所有的系统参数，如 $\tilde{\sigma}$、$\tilde{E}$ 及 r 已经被显式地体现在 U^2 表达式中，这使得研究后屈曲电压及吸合电压与参数的依赖关系非常方便。

式(8.16)与式(8.17)平衡解的稳定性由总能量 $\Pi(c)$ 对 c 的二阶导数的符号决定。

$$\frac{\mathrm{d}^2\Pi(c)}{\mathrm{d}c^2} = \frac{\pi^2}{2}\left(4\pi^2 + \tilde{\sigma}\right) + \frac{9\pi^4\tilde{E}r^2c^2}{2} - \frac{3U^2}{4\left(1-c\right)^{5/2}} \quad \text{对于 I 型} \tag{8.18}$$

$$\frac{\mathrm{d}^2\Pi(c)}{\mathrm{d}c^2} = \frac{\pi^2}{2}\left(4\pi^2 + \tilde{\sigma}\right) + \frac{9\pi^4\tilde{E}r^2c^2}{2} - \frac{3U^2\left[\left(1-c\right)^{5/2} + \left(1+c\right)^{5/2}\right]}{4\left(1-c^2\right)^{5/2}} \quad \text{对于 II 型} \tag{8.19}$$

将式(8.16)与式(8.17)分别代入到式(8.18)与式(8.19)中，可得

$$\frac{\mathrm{d}^2\Pi(c)}{\mathrm{d}c^2} = \frac{\pi^2}{2}\left(4\pi^2 + \tilde{\sigma}\right) + \frac{9\pi^4 \tilde{E}r^2 c^2}{2} - \frac{3c\pi^2\left(4\pi^2 + \tilde{\sigma} + 3\pi^2 \tilde{E}r^2 c^2\right)}{4(1-c)} \quad \text{对于 I 型}$$

$$(8.20)$$

$$\frac{\mathrm{d}^2\Pi(c)}{\mathrm{d}c^2} = \frac{\pi^2}{2}\left(4\pi^2 + \tilde{\sigma}\right) + \frac{9\pi^4 \tilde{E}r^2 c^2}{2} - \frac{3c\pi^2\left(4\pi^2 + \tilde{\sigma} + 3\pi^2 \tilde{E}r^2 c^2\right)F(c)}{4} \quad \text{对于 II 型}$$

$$(8.21)$$

其中，

$$F(c) = \left[\frac{1}{(1-c)^{5/2}} + \frac{1}{(1+c)^{5/2}}\right] \bigg/ \left[\frac{1}{(1-c)^{3/2}} - \frac{1}{(1+c)^{3/2}}\right]$$

如果 $\mathrm{d}^2\Pi(c)/\mathrm{d}c^2 > 0$，则平衡状态是稳定的；反之，就是不稳定的。在稳定平衡向不稳定过渡的临界状态时总能量 $\Pi(c)$ 对 c 的二阶导数为零(Shames and Dym, 1985; Legtenberg et al., 1997; Hu, 2006)，即 $\mathrm{d}^2\Pi(c)/\mathrm{d}c^2 < 0$。

应用式(8.20)与式(8.21)，可以判定平衡解对于每一个正规化微梁中点挠度 c 的稳定性。

吸合参数可由如下过程求得：分别对于 I 和 II 型求解方程 $\mathrm{d}^2\Pi(c)/\mathrm{d}c^2 = 0$，可得到无量纲吸合挠度 c^p；相应的无量纲吸合电压可通过将式(8.16)与式(8.17)中的 c 以 c^p 代替。

8.2.3　结果与讨论

这部分将通过典型的例子，比较解析逼近解与数值解来说明所提出的方法的有效性。相应的数值解是由扩展系统打靶方法得到的(Yu et al., 2012)。考虑物理及几何参数如表 8.1 的一个 MEMS 微梁。

表 8.1　MEMS 微梁的材料及几何参数

变量	值
杨氏模量 E / GPa	70
空间介电常数 ε_0 / (F/m)	8.85×10^{-12}
轴向残余应力 σ / MPa	-15.65
梁长 L / μm	500
泊松比 υ	0.31
梁厚度 h / μm	4
梁宽度 b_0 / μm	100

　　根据这些实际的参数，可以求得无量纲参数 $\tilde{E}=0.9$ 及 $\tilde{\sigma}=-37.9$。并且对于给定的间隙值 $g=2\mu\text{m}$，即 $r=0.5$，无量纲的电压数值解 U_e 及解析逼近解 U_a 随无量纲微梁中点挠度 c 的变化情况展现在图 8.2 中。图中，稳定解与不稳定解分别用实线与虚线表示。正如所观察到的，对于微梁中点挠度的整个取值范围，式(8.16)与式(8.17)都能给出后屈曲电压数值解 U_e 的良好近似。在图 8.2(a)也可以发现，在电压激励下，响应是非线性的，并且在中点挠度值达到间隙值的 60%时，系统的稳定性丧失，电压达到临界最大值。这个临界稳定状态叫做吸合状态，在平衡曲线上对应一个极限点(Gilmore, 1993; Nguyen, 2000; Godoy, 2000; Wu and Piao, 2003)。在图 8.2(b)中，对于平凡解(未变形状态解)与在首个分支点之后的非平凡分支解(变形状态解)，解析逼近解与数值解有良好的吻合度。这种静电分支是超临界的(Gilmore, 1993; Nguyen, 2000; Godoy, 2000)。在这个分支点后，随着电压的增加，响应是非线性的；第二个分支点(吸合极限点)发生在中点挠度值达到间隙值的 51%处，此时，电压达到最大值——吸合电压。

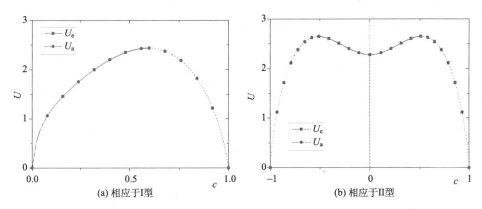

(a) 相应于Ⅰ型　　　　　　　　　　　(b) 相应于Ⅱ型

图 8.2　无量纲电压 U 的数值解与逼近解的比较($r=0.5,\ \tilde{E}=0.9, \tilde{\sigma}=-37.9$)

　　吸合电压 U^p 及吸合挠度 c^p 的数值解与逼近解随着正规化的间隙 r 的变化分别体现在图 8.3 与图 8.4 中。这些图表明，无论对于小变形还是大变形，由式(8.16)、式(8.17)与式(8.20)、式(8.21)给出的吸合参数与其数值解都有良好的符合度。

　　相应于 $r=0.5, \tilde{E}=0.9, \tilde{\sigma}=-37.9, c=0.4$ 的 MEMS 微梁变形的数值解 W_e 与逼近解 W_a [由式(8.9)与式(8.10)给出]的比较展示在图 8.5 中。我们可以发现，式(8.9)与式(8.10)展现了非常高的精确度。

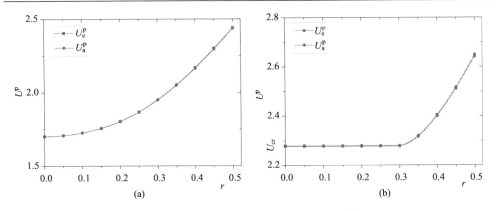

图 8.3　无量纲吸合电压 U^p 的数值解与逼近解的比较（$\tilde{E} = 0.9, \tilde{\sigma} = -37.9$）

(a) 相应于 I 型；(b) 相应于 II 型

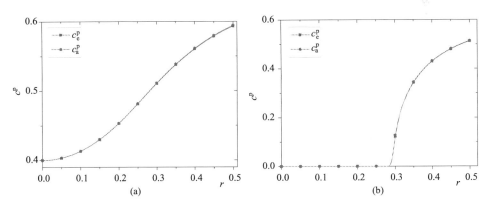

图 8.4　无量纲吸合挠度 c^p 的数值解与逼近解的比较（$\tilde{E} = 0.9, \tilde{\sigma} = -37.9$）

(a) 相应于 I 型；(b) 相应于 II 型

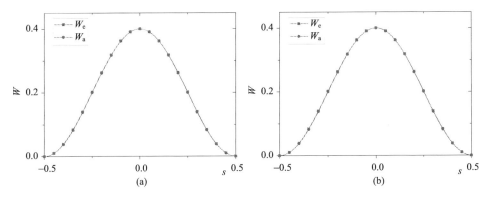

图 8.5　无量纲微梁变形的数值解与逼近解的比较（$r = 0.5, \tilde{E} = 0.9, \tilde{\sigma} = -37.9, c = 0.4$）

(a) 相应于 I 型；(b) 相应于 II 型

对于 $\tilde{E} = 0.9, \tilde{\sigma} = -37.9$ 及各种给定的无量纲间隙值 r，图 8.6 描绘了无量纲后屈曲电压的解析逼近解 U_a 随着无量纲微梁中点挠度 c 的变化曲线。稳定和不稳定解曲线分别用实线及虚线表示。注意到，由于 II 型微梁系统的对称性，图 8.6(b) 只画了 $c > 0$ 的部分。很容易观察到，后屈曲吸合挠度及电压值（图中用红点表示）随着 r 值增加而增大。

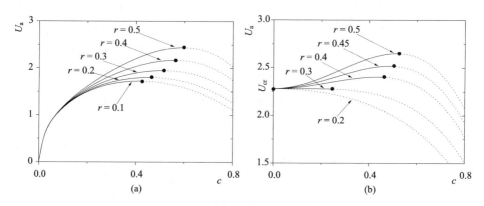

图 8.6　无量纲后屈曲电压的解析逼近解 U_a 随着无量纲微梁中点挠度 c 的变化曲线

$$(\tilde{E} = 0.9, \tilde{\sigma} = -37.9)$$

(a) 相应于 I 型；(b) 相应于 II 型

8.3　弥散场及 Casimir 力对 NEMS 稳定性影响分析

当研究尺度到达纳米量级，分子之间的作用力对 NEMS 结构的非线性行为起到不可忽视的作用，因此必须予以考虑。本节主要考虑 Casimir 力对系统的影响，对于更进一步的研究，即范德瓦尔斯力对系统的影响，本部分不予阐述。

8.3.1　力学模型及其求解

NEMS 微梁后屈曲变形的示意图仍参看图 8.1。考虑了弥散场效应及 Casimir 力的夹紧 NEMS 微梁的无量纲非线性积分–微分控制平衡方程及边界条件如下：

$$\frac{d^4W}{ds^4} - \lambda \frac{d^2W}{ds^2} - \frac{3\bar{E}r^2}{\pi}\left[\int_{-\pi}^{\pi}\left(\frac{dW}{ds}\right)^2 ds\right]\frac{d^2W}{ds^2} = Q(W) \tag{8.22}$$

$$W(-\pi) = W'(-\pi) = W(\pi) = W'(\pi) = 0 \tag{8.23}$$

其中，

$$s = \frac{2\pi x}{L}, W = \frac{w}{g}, r = \frac{g}{h}, \lambda = \frac{\sigma}{|\sigma_{Eu}|}, \quad \sigma_{Eu} = -4\pi^2 E^* I / (AL^2), \bar{E} = \frac{E}{E^*}, F = \frac{2g}{\pi b_0},$$

$$\alpha = \frac{\hbar C L^4}{320\pi^2 E^* g^5 h^3}, \quad \beta = \frac{U^2}{(2\pi)^4} = \frac{6\varepsilon_0 L^4 V^2}{(2\pi)^4 E^* g^3 h^3} \tag{8.24}$$

$$Q(W) = \frac{\beta}{(1-W)^2}\big[1 + F(1-W)\big] + \frac{\alpha}{(1-W)^4} \quad \text{对于 I 型} \tag{8.25}$$

$$Q(W) = \beta W\left[\frac{4}{(1-W^2)^2} + \frac{2F}{(1-W^2)}\right] + \frac{8\alpha W(1+W^2)}{(1-W^2)^4} \quad \text{对于 II 型} \tag{8.26}$$

式 (8.22) ~ 式 (8.26) 中的参数描述如下：　$\hbar = 1.055 \times 10^{-34}\,\text{J} \cdot \text{s}$ 为除以 2π 后的普朗克常数，$C = 2.998 \times 10^8\,\text{m/s}$ 是光速，其他的参数请参看 5.2 节中的定义。

依照 5.2 节中的求解过程，解析逼近解的构造如下：首先系统的无量纲总能量可表示为

$$\Pi = \frac{1}{2}\int_{-\pi}^{+\pi}\left(\frac{\mathrm{d}^2 W}{\mathrm{d}s^2}\right)^2 \mathrm{d}s + \frac{\pi}{12\bar{E}r^2}\left(\lambda + \frac{3\bar{E}r^2}{\pi}\int_{-\pi}^{+\pi}\left(\frac{\mathrm{d}W}{\mathrm{d}s}\right)^2 \mathrm{d}s\right)^2 - \int_{-\pi}^{+\pi} P(W)\mathrm{d}s \tag{8.27}$$

其中，

$$P(W) = \frac{\beta}{1-W} - \beta \cdot F \cdot \ln(1-W) + \frac{\alpha}{3(1-W)^3} \quad \text{对于 I 型} \tag{8.28}$$

$$P(W) = \frac{2\beta}{1-W^2} - \beta \cdot F \cdot \ln(1-W^2) + \frac{2\alpha(1+3W^2)}{3(1-W^2)^3} \quad \text{对于 II 型} \tag{8.29}$$

应用 Rayleigh–Ritz 法来构造解析逼近解，微梁挠度 $W(s)$ 的表达式及给定形函数仍然分别为式 (8.9) 与式 (8.10)，于是总能量可解出为

$$\Pi(c) = \frac{\pi}{8}\left[\frac{2\lambda^2}{3\bar{E}r^2} + (1+\lambda)c^2 + \frac{3\bar{E}r^2}{8}c^4 - Z(c)\right] \tag{8.30}$$

其中，

$$Z(c) = \frac{16\beta}{\sqrt{1-c}} - 32\beta \cdot F \cdot \ln\left(\frac{1+\sqrt{1-c}}{2}\right) + \frac{2\alpha\big[8 + c(3c-8)\big]}{3\left(\sqrt{1-c}\right)^5} \quad \text{对于 I 型} \tag{8.31}$$

$$Z(c) = \frac{16\beta}{\sqrt{1-c}} + \frac{16\beta}{\sqrt{1+c}} - 32\beta \cdot F \cdot \ln\left\{\frac{\left(1+\sqrt{1-c}\right)\times\left(1+\sqrt{1+c}\right)}{4}\right\}$$
$$+ \frac{2\alpha\big[8 + c(3c-8)\big]}{3(1-c)^{5/2}} + \frac{2\alpha\big[8 + c(3c+8)\big]}{3(1+c)^{5/2}} \quad \text{对于 II 型} \tag{8.32}$$

系统处于静平衡状态的充分必要条件是总能量 $\Pi(c)$ 对 c 的一阶导数为零

$$4c(1+\lambda)+3\bar{E}r^2c^3 = \frac{16\beta\left[1+\sqrt{1-c}+2F(1-c)\right]}{(1-c)^{3/2}\left(1+\sqrt{1-c}\right)}+\frac{2\alpha\left(8-4c+c^2\right)}{(1-c)^{7/2}} \quad 对于 \text{I} 型$$

(8.33)

$$4c(1+\lambda)+3\bar{E}r^2c^3 - \frac{16\beta\left[1+\sqrt{1-c}+2F(1-c)\right]}{(1-c)^{3/2}\left(1+\sqrt{1-c}\right)}-\frac{2\alpha\left(8-4c+c^2\right)}{(1-c)^{7/2}}$$

$$+\frac{16\beta\left[1+\sqrt{1+c}+2F(1+c)\right]}{(1+c)^{3/2}\left(1+\sqrt{1+c}\right)}+\frac{2\alpha\left(8+4c+c^2\right)}{(1+c)^{7/2}}=0 \quad 对于 \text{II} 型$$

(8.34)

求解式 (8.33) 和式 (8.34)，并利用式 (8.24) 无量纲电压 U 可表示为

$$U=4\pi^2\sqrt{\frac{\left\{(1-c)^{\frac{7}{2}}\left[4c(1+\lambda)+3\bar{E}r^2c^3\right]-2\alpha\left(8-4c+c^2\right)\right\}\left(1+\sqrt{1-c}\right)}{16\left[1+\sqrt{1-c}+2F(1-c)\right](1-c)^2}} \quad 对于 \text{I} 型$$

(8.35)

$$U=4\pi^2\sqrt{\frac{c\left\{\begin{array}{l}\left(1-c^2\right)^{\frac{7}{2}}\left[4c(1+\lambda)+3\bar{E}r^2c^3\right]-2\alpha\left(8-4c+c^2\right)(1+c)^{\frac{7}{2}}\\+2\alpha\left(8+4c+c^2\right)(1-c)^{\frac{7}{2}}\end{array}\right\}}{16\left(1-c^2\right)^2\left\{\begin{array}{l}(1+c)^{\frac{3}{2}}\left[c+2F(1-c)\left(1-\sqrt{1-c}\right)\right]-(1-c)^{\frac{3}{2}}\\\left[c-2F(1+c)\left(1-\sqrt{1+c}\right)\right]\end{array}\right\}}} \quad 对于 \text{II} 型$$

(8.36)

平衡解 (8.35) 和 (8.36) 的稳定性由总能量 $\Pi(c)$ 对 c 的二阶导数的符号决定。进而，分别对于 I 和 II 型求解方程 $\mathrm{d}^2\Pi(c)/\mathrm{d}c^2=0$，可得到无量纲吸合挠度 c^{p}；相应的无量纲吸合电压可通过将式 (8.35) 和式 (8.36) 中的 c 以 c^{p} 代替。

$$\frac{\mathrm{d}^2\Pi(c)}{\mathrm{d}c^2}=\frac{\pi}{16}\left\langle 4(1+\lambda)+9\bar{E}r^2c^2-\frac{\alpha\left(48-16c+3c^2\right)}{(1-c)^{9/2}}\right.$$

$$\left. -8\beta\left\{\frac{3}{(1-c)^{5/2}}-\frac{2F}{c^2}\left[2+\frac{3c-2}{(1-c)^{3/2}}\right]\right\}\right\rangle \quad 对于 \text{I} 型 \qquad (8.37)$$

$$\frac{\mathrm{d}^2\Pi(c)}{\mathrm{d}c^2} = \frac{\pi}{16}\left\langle 4(1+\lambda) + 9\bar{E}r^2c^2 - \frac{\alpha(48-16c+3c^2)}{(1-c)^{9/2}} - \frac{\alpha(48+16c+3c^2)}{(1+c)^{9/2}} \right.$$
$$\left. -8\beta\left\{\frac{3}{(1-c)^{5/2}} + \frac{3}{(1+c)^{5/2}} - \frac{2F}{c^2}\left[4 + \frac{3c-2}{(1-c)^{3/2}} - \frac{3c+2}{(1+c)^{3/2}}\right]\right\}\right\rangle$$

对于 II 型

(8.38)

将式(8.35)和式(8.36)分别代入到式(8.37)与式(8.38)中，有

$$\frac{\mathrm{d}^2\Pi(c)}{\mathrm{d}c^2} = \frac{\pi}{16}\left\langle 4(1+\lambda) + 9\bar{E}r^2c^2 - \frac{\alpha(48-16c+3c^2)}{(1-c)^{9/2}} \right.$$
$$\left. -\frac{\left\{(1-c)^{7/2}\left[4c(1+\lambda)+3\bar{E}r^2c^3\right]-2\alpha(8-4c+c^2)\right\}(1+\sqrt{1-c})H(c)}{2\left[1+\sqrt{1-c}+2F(1-c)\right](1-c)^2}\right\rangle$$

对于 I 型

(8.39)

$$\frac{\mathrm{d}^2\Pi(c)}{\mathrm{d}c^2} = \frac{\pi}{16}\left\langle 4(1+\lambda) + 9\bar{E}r^2c^2 - \frac{\alpha(48-16c+3c^2)}{(1-c)^{9/2}} - \frac{\alpha(48+16c+3c^2)}{(1+c)^{9/2}} \right.$$
$$\left. -\frac{c\left\{(1-c^2)^{7/2}\left[4c(1+\lambda)+3\bar{E}r^2c^3\right]-2\alpha(8-4c+c^2)(1+c)^{7/2}+2\alpha(8+4c+c^2)(1-c)^{7/2}\right\}K(c)}{2(1-c^2)^2\left\{(1+c)^{3/2}\left[c+2F(1-c)(1-\sqrt{1-c})\right]-(1-c)^{3/2}\left[c-2F(1+c)(1-\sqrt{1+c})\right]\right\}}\right\rangle$$

对于 II 型

(8.40)

其中，

$$H(c) = \frac{3}{(1-c)^{5/2}} - \frac{2F}{c^2}\left[2 + \frac{3c-2}{(1-c)^{3/2}}\right]$$

$$K(c) = \frac{3}{(1-c)^{5/2}} + \frac{3}{(1+c)^{5/2}} - \frac{2F}{c^2}\left[4 + \frac{3c-2}{(1-c)^{3/2}} - \frac{3c+2}{(1+c)^{3/2}}\right]$$

8.3.2　结果与讨论

本节通过典型的例子，将解析逼近解与数值解比较来说明所提出的方法的有效性。相应的数值解仍可由扩展系统打靶方法得到。考虑物理及几何参数如表 8.2 的一个 MEMS 微梁(Koochi et al., 2012)。

给定间隙值 $g = 50\mathrm{nm}$，梁宽 $b_0 = 250\mathrm{nm}$ 后，再加上表 8.2 中参数，可得到无量纲参数 $\bar{E} = 0.8556$，$\lambda = -0.855497$，$\alpha = 1.12744 \times 10^{-4}$，$F = 0.127324$，$r = 1$。

无量纲的电压数值解 U_e 及解析逼近解 U_a 随无量纲微梁中点挠度 c 的变化情况展现在图 8.7 中。图中，稳定解与不稳定解分别用实线与虚线表示。正如所观察到的，对于微梁中点挠度的整个取值范围，式(8.35)和式(8.36)都能给出电压数值解 U_e 的良好近似。

表 8.2　NEMS 微梁的材料及几何参数

变量	值
杨氏模量 $E\,/\,\mathrm{GPa}$	76
空间介电常数 $\varepsilon_0\,/\,\mathrm{(F/m)}$	8.85×10^{-12}
轴向残余应力 $\sigma\,/\,\mathrm{MPa}$	-100
梁长 $L\,/\,\mathrm{\mu m}$	2.5
泊松比 υ	0.38
梁厚度 $h\,/\,\mathrm{nm}$	50
被 2π 除的普朗克常数 $\hbar\,/\,\mathrm{(J \cdot s)}$	1.055×10^{-34}
光速 $C\,/\,\mathrm{(m/s)}$	2.998×10^{8}

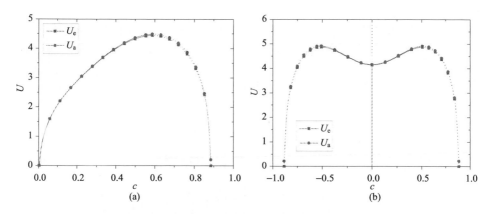

图 8.7　无量纲电压 U 的数值解与逼近解的比较（$\bar{E} = 0.8556$，$\lambda = -0.855497$，
$\alpha = 1.12744 \times 10^{-4}$，$F = 0.127324$，$r = 1$）

(a)相应于 I 型；(b)相应于 II 型

对于表 8.2 中给定的几何和材料参数以及参数 $b_0 = 250\mathrm{nm}$，即无量纲参数 $\bar{E} = 0.8556$，$\lambda = -0.855497$，无量纲吸合电压 U^p 及吸合挠度 c^p 的数值解与逼近解随着正规化的间隙 r 的变化分别体现在图 8.8 与图 8.9 中。这些图表明，无论对于小变形还是大变形，通过式(8.35)、式(8.36)与式(8.39)、式(8.40)求出的吸合参数都能给出其数值解的高精度逼近。

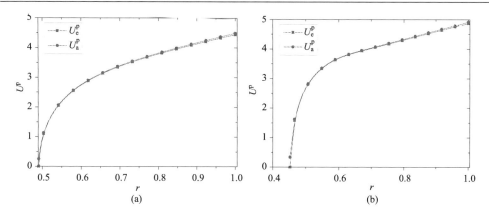

图 8.8 无量纲吸合电压 U^p 的数值解与逼近解的比较（$\bar{E} = 0.8556$，$\lambda = -0.855497$）

(a) 相应于 I 型； (b) 相应于 II 型

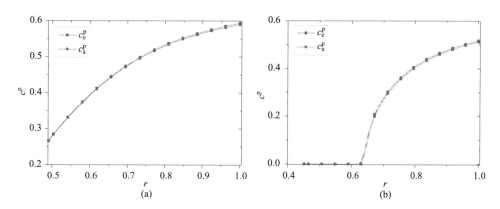

图 8.9 无量纲吸合挠度 c^p 的数值解与逼近解的比较（$\bar{E} = 0.8556$，$\lambda = -0.855497$）

(a) 相应于 I 型； (b) 相应于 II 型

下面分析弥散场效应与 Casimir 力对系统非线性行为的影响。由于吸合参数能表征系统的特征，所以通过分析弥散场效应与 Casimir 力对系统的吸合参数的作用来反映这种影响。对于 $\bar{E} = 0.8556$，$\lambda = -0.855497$，$\alpha = 1.12744 \times 10^{-4}$，$r = 1$（即 $g = 50\text{nm}$，而不指定 b_0，其他参数来自于表 8.2，系统无量纲吸合参数逼近解 U_a^p 与 c_a^p 随 F 的变化情况展现在图 8.10 中。图 8.10 表明临界吸合参数受 F 的影响不大，这是由于在此模型中 $b_0 \gg g$。所以在很大范围内，与残余应力和系统间隙相比，弥散场效应对系统的影响可以忽略。

基于表 8.2 的参数及 $b_0 = 250\text{nm}$，而不给定 g，即无量纲参数 $\bar{E} = 0.8556$，$\lambda = -0.855497$，Casimir 力对微梁吸合参数逼近解 U^p 与 c^p 的影响画在图 8.11 中。从图中可看出，当间隙值接近于临界值（即当考虑 Casimir 力的模型的吸合电压为

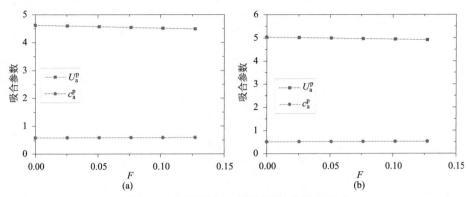

图 8.10　弥散场效应对微梁吸合参数的影响

(a)相应于 I 型；(b)相应于 II 型

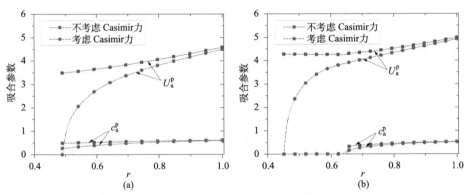

图 8.11　无量纲吸合挠度 c^p 的数值解与逼近解的比较（ $\bar{E} = 0.8556$ ， $\lambda = -0.855497$ ）

(a)相应于 I 型；(b)相应于 II 型

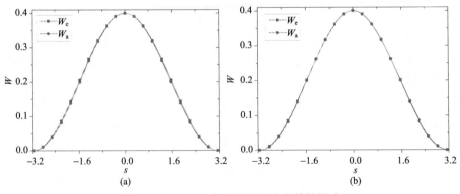

图 8.12　Casimir 力对微梁吸合参数的影响

(a)相应于 I 型；(b)相应于 II 型

零时)，忽略 Casimir 力将导致一个过高估计吸合电压。这种差别随着间隙的增大将逐渐变小，直至可以忽略。然而，Casimir 力对吸合挠度的影响较小。对于 $\bar{E} = 0.8556$，$\lambda = -0.855497$，$\alpha = 1.12744 \times 10^{-4}$，$F = 0.127324$，$r = 1$，$c = 0.4$，图 8.12 表明逼近解 W_a 与数值解 W_e 的吻合程度较好。

对于 $\bar{E} = 0.8556$，$\lambda = -0.855497$ 及各种给定的无量纲间隙值 r，图 8.13 描绘了无量纲后屈曲电压的解析逼近解 U_a 随着无量纲微梁中点挠度 c 的变化曲线。稳定和不稳定解曲线分别用实线及虚线表示。注意到，由于 II 型微梁系统的对称性，图 8.13 (b) 只画了 $c > 0$ 的部分。很容易观察到，后屈曲吸合挠度及电压值(图中用红点表示)随着 r 值增加而增大。

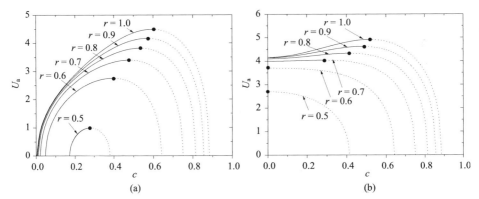

图 8.13　无量纲后屈曲电压的解析逼近解 U_a 随着无量纲微梁中点挠度 c 的变化曲线

$$(\bar{E} = 0.8556，\lambda = -0.855497)$$

(a)相应于 I 型；(b)相应于 II 型

本章通过对深部大陆科学钻探系统(钻井平台、钻柱姿态测量、钻头探测等)中广泛应用的 MEMS/NEMS 陀螺仪传感器的稳定性问题的研究，进一步深化了微梁杆柱的非线性屈曲理论。对两端固支的静电场驱动微梁的非线性行为(分别考虑一边有电极板和两边都有电极板的情形)的研究发现，随着研究尺度不同，影响系统的因素也不一样：在微米尺度下，微宽梁模型可以忽略弥散场效应及 Casimir 力；而在纳米尺度下分子作用力(如范德瓦尔斯力与 Casimir 力)对 NEMS 结构的非线性行为起到关键作用。该问题的解是基于非线性积-微分方程而建立的。数值逼近方法通过引进新变量将原积-微分方程扩展成微分方程组，然后应用打靶法求解扩展系统而得到其数值解；解析方法是通过选取适当的微梁挠度形函数，再应用 Rayleigh-Ritz 方法建立原系统的逼近解，此种解析逼近法还可研究解的稳定性。解析逼近解在很大挠度范围内都有高的逼近精度。本章的研究成果，在 MEMS/NEMS 陀螺仪传感器等设备的设计与优化、正确使用等方面都有非常重要的意义。

参 考 文 献

程昌钧, 朱正佑. 1986. 环形板的屈曲状态. 中国科学 (A 辑), 3: 265~273

狄勤丰, 王文昌, 胡以宝, 张小柯. 2006. 钻柱动力学研究及应用进展. 天然气工业, 4: 57~59

高德利. 2006. 油气井管柱力学与工程. 东营: 中国石油大学出版社

高国华. 1995. 杆柱在水平圆孔中的稳定性分析. 力学与实践, 17(4): 28~31

李鹏松. 2004. 求解大振幅非线性振动问题的若干解析逼近方法. 长春: 吉林大学

李世荣. 2003. 非线性柔韧梁板结构的热过屈曲和振动. 兰州: 兰州大学

李世忠. 1990. 钻探工艺学. 北京: 地质出版社

李子丰. 2004. 钻柱纵向和扭转振动分析. 工程力学, 21(6): 203~210

刘峰, 王鑫伟, 甘立飞. 2007. 基于有限元分析的直井中钻柱螺旋屈曲临界载荷定义. 工程力学,
    24(1): 173~177

刘清友, 马德坤. 1998. 钻柱纵向振动模型的建立及求解方法. 西南石油学院学报, 20(4): 55~58

刘清友, 马德坤, 钟青. 2000. 钻柱扭转振动模型的建立及求解. 石油学报, 21(2): 78~82

刘清友, 孟庆华, 庞东晓. 2009. 钻井系统动力学仿真研究及应用. 北京: 科学出版社

苏义脑. 2008. 钻井力学与井眼轨道控制文集. 北京: 石油工业出版社

苏义脑, 徐鸣雨. 2005. 钻井基础理论研究与前沿技术开发新进展. 北京: 石油工业出版社

孙维鹏. 2007. 强非线性振动系统解析逼近解的构造. 长春: 吉林大学

王勖成, 邵敏. 2002. 有限单元法基本原理和数值方法. 北京: 清华大学出版社

肖文生, 张扬, 钟毅芳. 2004. 钻柱在钻井液和井壁摩阻共同作用下的涡动. 中国机械工程,
    15(4): 334~338

于永平. 2006. 弹性圆环的后屈曲大变形分析. 长春: 吉林大学

于永平. 2009. 若干一维弹性结构后屈曲大变形的数值与解析逼近解. 长春: 吉林大学

张伟. 2005. 国际大陆科学钻探计划 (ICDP) 实施十年的进展. 探矿工程, 2005(增刊): 26~29

郑晓静. 1987. 任意载荷下轴对称 von karman 方程的精确解及其近似解法的研究. 兰州: 兰州
    大学

周又和. 1989. 静载作用下板壳结构的非线性弯曲、振动与稳定性. 兰州: 兰州大学

Abdel-Jaber M S, Al-Qaisia A A, Abdel-Jaber M, Beale R G. 2008. Nonlinear natural frequencies of
    an elastically restrained tapered beam. J Sound Vib, 313(3-5): 772~783

Abramowitz M, Stegun I A. 1965. Handbook of Mathematical Functions: with Formulas, Graphs, and
    Mathematical Tables. New York: Dover Publications Inc

Abrate S. 1995. Vibration of non-uniform rods and beams. J Sound Vib, 185(4): 703~716

Akgoz B, Civalek O. 2013. Free vibration analysis of axially functionally graded tapered
    Bernoulli-Euler microbeams based on the modified couple stress theory. Compos Struct, 98:
    314~322

Allen H G. 1969. Analysis and Design of Structural Sandwich Panels. Oxford, New York: Pergamon Press

Atanackovic T M. 1997. Stability theory of elastic rods. Singapore: World Scientific

Attarnejad R, Shahba A, Eslaminia M. 2011. Dynamic basic displacement functions for free vibration analysis of tapered beams. J Vib Control, 17(14): 2222~2238

Auciello N M, Nole G. 1998. Vibrations of a cantilever tapered beam with varying section properties and carrying a mass at the free end. J Sound Vib, 214(1): 105~119

Baghani M, Mazaheri H, Salarieh H. 2014. Analysis of large amplitude free vibrations of clamped tapered beams on a nonlinear elastic foundation. Appl Math Model, 38(3): 1176~1186

Baily J J, Finnie I. 1960. An analytical study of drill-string vibration. J Eng Industry-ASME, 82B: 122~128

Bambill D V, Rossit C A, Rossi R E, Felix D H, Ratazzi A R. 2013. Transverse free vibration of non uniform rotating Timoshenko beams with elastically clamped boundary conditions. Meccanica, 48(6): 1289~1311

Batra R C, Porfiri M, Spinello D. 2008. Reduced-order models for micro-electromechanical rectangular and circular plates incorporating the Casimir force. Int J Solids Struct, 45: 3558~83

Beléndez A, Álvarez M L, Fernández E, Pascual I. 2009. Linearization of conservative nonlinear oscillators. Eur J Phys, 30: 259~270

Boley B A, Weinner J H. 1997. Theory of Thermal Stresses. New York: Dover

Burgess T M, McDaniel G L, Das P K. 1987. Improving BHA Tool Reliability With Drillstring Vibration Models: Field Experience and Limitations. SPE/IADC Drilling Conference 16109, New Orleans LA

Casimir H B G. 1948. On the attraction between two perfectly conducting plates. Proc Kon Ned Akad Wetenschap, 51: 793~795.

Chan E K, Garikipati K, Dutton R W. 1999. Characterization of contact electromechanics through capacitance–voltage measurements and simulations. J Microelectromech Syst, 8: 208~217

Chan H B, Aksyuk V A, Kleiman R N, Bishop D J, Capasso F. 2001. Quantum Mechanical Actuation of Microelectromechanical Systems by the Casimir Force. Science, 291: 1941~1944

Chandrashekhara K. 1992. Thermal buckling of laminated plates using a shear flexible finite element. Finite Elem Anal Des, 12(1): 51~61

Chen D W, Liu T L. 2006. Free and forced vibrations of a tapered cantilever beam carrying multiple point masses. Struct Eng Mech, 23(2): 209~216

Chen G, Baker G. 2003. Rayleigh–Ritz analysis for localized buckling of a strut on a softening foundation by Hermite functions. Int J Solids Struct, 40(26): 7463~7474

Chen Y C, Lin Y H, Cheatham J B. 1990. Tubing and casing buckling in horizontalwells. J Petrol Tech SPE, 42(2): 140~141

Cisternas J, Holmes P. 2002. Buckling of extensible thermoelastic rods. Math Comput Model, 36: 233~243

Clementi F, Demeio L, Mazzilli C E N, Lenci S. 2015. Nonlinear vibrations of non-uniform beams by the MTS asymptotic expansion method. Continuum Mech Thermodyn, 27(4-5): 703~717

Coffin D W, Bloom F. 1999. Elastica solution for the hygrothermal buckling of a rod. Int J Nonlin Mech, 34: 935~947

Cveticanin L J, Atanackovic T M. 1998. Leipholz column with shear and compressibility. J Eng Mech -ASCE, 124: 146~151

Dafedar J B, Desai Y M. 2002. Thermomechanical buckling of laminated composite plates using mixed, higher-order analytical formulation. J Appl Mech, 69: 790~799

Denman H H. 1969. An approximate equivalent linearization technique for nonlinear oscillations. J Appl Mech-Trans ASME, 36: 358~360

Duan J S, Rach R, Wazwaz A M. 2013. Solution of the model of beam-type micro- and nano-scale electrostatic actuators by a new modified Adomian decomposition method for nonlinear boundary value problems. Int J Nonlin Mech, 49: 159~69

Dugush Y A, Eisenberger M. 2002. Vibrations of non-uniform continuous beams under moving loads. J Sound Vib, 254(5): 911~926

Dunayevsky V A, Judiz A, Mills W H. 1984. Onset of Drillstring Precession in a Directional Borehole. SPE, 13027

Dunayevsky V A, Abbassian F, Judzis A. 1993. Dynamic stability of drillstrings under fluctuating weight on bit. SPE, Drill Completion, 8(2): 84~92

Dykstra M W, Chen, D K, Warren T M, Azar J J. 1996. Drillstring component mass imbalance: a major source of downhole vibrations. SPE, Drill Completion, 11(4): 234~241

El Fatmi R. 2007. A non-uniform warping theory for beams. C R Mecanique, 335(8): 467~474

El Naschie M S. 1976. Thermal initial post-buckling of the extensional elastica. Int J Mech Sci, 18: 321~324

Elata D, Abu-Salih S. 2005. Analysis of a novel method for measuring residual stress in micro-systems. J Micromech Microeng, 15: 921~927

Elishakoff I. 2001. Apparently first closed-form solution for frequency of beam with rotational spring. AIAA J, 39: 183~186

Elsayed M A. 2007. A novel approach to dynamic representation of drill strings in test rigs. J Energ Resour-ASME, 129: 281~288

Emam S A, Nayfeh A H. 2009. Post-buckling and free vibrations of composite beams. Compos. Struct, 88: 636~642

Fang J, Zhou D. 2015. Free vibration analysis of rotating axially functionally graded-tapered beams using Chebyshev-Ritz method. Mater Res Innov, 19: 1255~1262

Fang W, Wickert J A. 1994. Post buckling of micromachined beams. J Micromech Microeng, 4: 116~122

Finnie I, Bailey J J. 1960. An experimental study of drillstring vibration. J Eng Industry- ASME, 82B(2): 129~135

Frostig Y, Baruch M, Vilnay O, Sheinman I. 1992. High-order theory for sandwich-beam behavior with transversely flexible core. J Eng Mech-ASCE, 118: 1026~1043

Gabbay L D, Mehner J E, Senturia S D. 2000. Computer-aided generation of nonlinear reduced-order dynamic macromodels-II: stress-stiffened case. J Microelectromech S, 9: 270~278

Gao D L. 2012. Modeling Simulation in Drilling and Completion for Oil & Gas. Duluth: Tech Science Press

Gao D L, Liu F W. 2013. The Post-Buckling Behavior of A Tubular String in An Inclined Wellbore. Comp Model Eng, 90(1): 17~36

Gao D L, Liu F W, Xu B Y. 2002. Buckling behavior of pipes in oil and gas wells. Prog Nat Sci, 12(2): 126~130

Gao G H, Miska S. 2010. Dynamic buckling and snaking motion of rotating drilling pipe in a horizontal well. SPE J, 15(3): 867~877

Gauss R C, Antman S S. 1984. Large thermal buckling of nonuniform beams and plates. Int J Solids Struct, 20(11-12): 979~1000

Georgian J C. 1965. Discussion: "Vibration Frequencies of Tapered Bars and Circular Plates" (Conway, HD, Becker, ECH, and Dubil, JF, 1964, ASME J. Appl. Mech., 31, pp. 329~331). J Appl Mech, 32(1): 234~235

Gilmore R. 1993. Catastrophe Theory for Scientists and Engineers. New York: Dover

Godoy L A. 2000. Theory of Elastic Stability: Analysis and Sensitivity. Philadelphia: Taylor & Francis

Gulyayev V I, Gaidaichuk V V, Solovjov I L, Gorbunovich I V. 2009. The buckling of elongated rotating drill strings. J Petrol Sci Eng, 67(3-4): 140~148

Gunda J B, Singh A P, Chhabra P S, Ganguli R. 2007. Free vibration analysis of rotating tapered blades using Fourier-p superelement. Struct Eng Mech, 27(2): 243~257

Gunda J B, Gupta R K, Janardhan G R, Rao G V. 2010 Large amplitude free vibration analysis of Timoshenko beams using a relatively simple finite element formulation. Int J Mech Sci, 52: 1597~1604

Gupta R K. 1997. Electrostatic Pull-In test structure design for in-situ mechanical property measurements of microelectromechanical systems (MEMS). PhD dissertation, Massachusetts Institute of Technology

Gutschmidt S. 2010. The Influence of higher-order mode shapes for reduced-order models of electrostatically actuated microbeams. J Appl Mech-Trans. ASME, 77: 041007

Hagedorn P. 1988. Non linear oscillations translated by Wolfram Stadler. Oxford: Clarendon

He P, Liu Z S, Li C. 2013. An improved beam element for beams with variable axial parameters. Shock Vib, 20(4): 601~617

Heisig G, Neubert M. 2000. Lateral drillstring vibrations in extended-reach wells. SPE, 59235

Hu Y C. 2006. Closed form solutions for the pull-in voltage of micro curled beams subjected to electrostatic loads. J Micromech Microeng, 16: 648~655

Huang H Y, Kardomateas G A. 2002. Buckling and initial postbuckling behavior of sandwich beams including transverse shear. AIAA J, 40(11): 2331~2335

Huang J M, Liew K M, Wong C H, Rajendran S, Tan M J, Liu A Q. 2001. Mechanical design and optimization of capacitive micromachined switch. Sensor Actuat A-Phys, 93 (3) : 273~285

Huang N C, Pattillo P D. 2000. Helical buckling of a tube in an inclined wellbore, Int J Nonlin Mech, 35: 911~923

Huang W, Gao D, Liu F. 2015. Buckling Analysis of Tubular Strings in Horizontal Wells. Spe J, 20 (2) : 405~416

Hui D. 1988. Post-buckling behavior of infinite beams on elastic foundations using Koiter's improved theory. Int J Nonlin Mech, 23: 113~123

Hunt G W, Da Silva L S. 1990. Interactive bending behaviour of sandwich beams. J Appl Mech-Trans ASME, 57: 189-196

Hunt G W, Wadee M A. 1998. Localization and mode interaction in sandwich structures. Proc R Soc A, 454: 1197~1216

Hunt G W, Da Silva L S, Manzocchi G M E. 1988. Interactive buckling in sandwich structures. Proc R Soc A, 417 (1852) : 155~177

Huseyin K, Lin R. 1991. An intrinsic multiple-scale harmonic-balance method for nonlinear vibration and bifurcation problems. Int J Nonlin Mech, 26 (5) : 727~740

Jansen J D. 1991. Nonlinear rotor dynamics as applied to oil well drill string vibrations. J Sound Vib, 147 (1) : 115~135

Javaheri R, Eslami M R. 2002. Thermal buckling of functionally graded plates. AIAA J, 40 (1) : 162~169

Jekot T. 1996. Non linear problems of thermal postbuckling of a beam. J Therm Stresses, 19 (4) : 359~367

Ji W, Waas A M. 2007. Global and local buckling of a sandwich beam. J Eng Mech-ASCE, 133 (2) : 230~237

Ji W, Waas A M. 2008. Wrinkling and edge buckling in orthotropic sandwich beams. J Eng Mech-ASCE, 134 (6) : 455~461

Jia X L, Yang J, Kitipornchai S. 2011. Pull-in instability of geometrically nonlinear micro-switches under electrostatic and Casmir forces. Acta Mech, 218 (1-2) : 161~74

Jonckheere R E. 1971.Determination of the period of nonlinear oscillations by means of Chebyshev polynomials. ZAMM-Z Angew Math Mech, 51: 389-393

Karimpour S, Ganji S S, Barari A, Ibsen L B, Domairry G. 2012. Nonlinear vibration of an elastically restrained tapered beam. Sci China-Phys Mech Astron, 55 (10) : 1925~1930

Katsikadelis J T, Tsiatas G C. 2004. Non-linear dynamic analysis of beams with variable stiffness. J Sound Vib, 270 (4) : 847~863

Khdeir A A. 2001. Thermal buckling of cross-ply laminated composite beams. Acta Mech, 149: 201~213

Kim S, Sridharan S. 2005. Analytical study of bifurcation and nonlinear behavior of sandwich columns. J Eng Mech -ASCE, 131 (12) : 1313~1321

Koiter W T. 1967. On the stability of elastic equilibrium. Delf, Holland: 1945 (English translation), NASA report TTF-10

Kong L F, Li Y, Lü Y J, Li D X, Li S J, Tang A F. 2009. Stability and nonlinear dynamic behavior of drilling shaft system in copper stave deep hole drilling. J Cent South Univ T (English Edition), 16(3): 0451~0457

Koochi A, Kazemi A, Khandani F, Abadyan M. 2012. Influence of surface effects on size-dependent instability of nano-actuators in the presence of quantum vacuum fluctuations. Phys Scr, 85: 035804

Krylov S. 2007. Lyapunov exponents as a criterion for the dynamic pull-in instability of electrostatically actuated microstructures. Int J Nonlin Mech, 42: 626-642

Krylov S, Ilic B R, Schreiber D, Seretensky S, Craighead H. 2008. The pull-in behavior of electrostatically actuated bistable microstructures. J Micromech Microeng, 18(5): 055026

Kundu C K, Han J H. 2009. Nonlinear buckling analysis of hygrothermoelastic composite shell panels using finite element method. Composites: Part B, 40: 313~328

Kyllingstad A, Halsey G W. 1988. A study of slip/stick motion of the bit. SPE, Drill Eng, 369~373

Lal A, Singh B N, Kale S. 2011. Stochastic post buckling analysis of laminated composite cylindrical shell panel subjected to hygrothermomechanical loading. Compos Struct, 93: 1187~1200

Lamoreaux S K. 2005. The Casimir force: background, experiments, and applications. Rep Prog Phys, 68: 201~236

Lau S L, Cheung Y K. 1981. Amplitude incremental variational principle for nonlinear vibration of elastic system. ASME J Appl Mech, 48: 959~964

Lee K. 2002. Large deflections of cantilever beams of non-linear elastic material under a combined loading. Int J Nonlin Mech, 37: 439~433

Legtenberg R, Gilbert J, Senturia S D, Elwenspoek M. 1997. Electrostatic curved electrode actuators. J Microelectromech S, 6: 257~265

Lenci S, Clementi F, Mazzilli C E N. 2013. Simple formulas for the natural frequencies of non-uniform cables and beams. Int J Mech Sci, 77: 155~163

Léotoing L, Drapier S, Vautrin A. 2002. Nonlinear interaction of geometrical and material properties in sandwich beam instabilities. Int J Solids Struct, 39: 3717~3739

Li H, Balachandran B. 2006. Buckling and free oscillations of composite microresonators. J Microelectromech S, 15: 42~51

Li H, Preidikman S, Balachandran B, Mote Jr. C D. 2006. Nonlinear free and forced oscillations of piezoelectric microresonators. J Micromech Microeng 16: 356~367

Li H, Piekarski B, DeVoe D L, Balachandran B. 2008. Nonlinear oscillations of piezoelectric microresonators with curved cross-sections. Sensors Actuat A-Phys, 144: 194~200

Li S R, Cheng C. 2000. Analysis of thermal post-buckling of heated elastic rods. Appl Math Mech (English Ed.), 21: 133~140

Li Z F. 1999. Static buckling of rod and pipe string in oil and gas wells. SPE, 57 013.

Li Z F, Guo B Y. 2007. Analysis of longitudinal vibration of drillstring in air and gas drilling. SPE 107697

Lin W H, Zhao Y P. 2005. Casimir effect on the pull-in parameters of nanometer switches. Microsyst

Technol, 11: 80~85

Liu L, Kardomateas G A, Birman V, Holmes J W, Simitses G J. 2006. Thermal buckling of a heat-exposed, axially restrained composite column. Composites: Part A, 37: 972~980

Long D S, Shannon M A, Aluru N R. 2000. A novel approach for determining Pull-In voltages in micro-electro-mechanical systems（MEMS）. Proc. Int. Conf. Modeling and Simulation of Microsystems（MSM2000 US Grant Hotel, San Diego, CA）, 481~484

Lönnö A. 1998. Experiences from using carbon fiber composites/sandwich construction in the Swedish navy. In Sandwich Construction 4

Lubinski A. 1950. A study of the buckling of rotary drilling-strings. Drilling and Production Practice, API: 178~214

Luongo A. 1991. On the amplitude modulation and localization phenomena in interactive buckling problems. Int J Solids Struct, 27: 1943~1954

Lyckegaardb A, Thomsen O T. 2006. Nonlinear analysis of a curved sandwich beam joined with a straight sandwich beam. Composites: Part B: engineering, 37（2-3）: 101~107

Mao Q B. 2015. AMDM for free vibration analysis of rotating tapered beams. Struct Eng Mech, 54（3）: 419~432

Mei C. Nonlinear vibrations of beams by matrix displacement method. 1972. AIAA J, 10: 355~357

Mickens R E. 1986. A generalization of the method of harmonic balance. J Sound Vib, 111（3）: 515~518

Mirmiran A, Wolde-Tinsae A M. 1993. Stability of Prebuckled Sandwich Elastica Arches: Parametric Study. J Eng Mech -ASCE, 119（4）: 767~785

Mitchell R F. 1986. Simple frictional analysis of helical buckling of tubing. SPE Drilling Engineering, 457~465

Mohammadimehr M, Monajemi A A, Moradi M. 2015. Vibration analysis of viscoelastic tapered micro-rod based on strain gradient theory resting on visco-pasternak foundation using DQM. J Mech Sci Technol, 29（6）: 2297~2305

Moradi S, Ranjbar K. 2009. Experimental and computational failure analysis of drillstrings. Eng Fail Anal, 16: 923~933

Mostepanenko V M, Trunov N N. 1997. The Casimir effect and its application. Oxford: Clarendon Press

Nathan W, Brian L W, Demos P. 2008. Horizontal cylinder-in-cylinder buckling under compression and torsion: Review and application to composite drill pipe. Int J Mech Sci, 50: 538~549

Nathanson H C, Newell W E, Wickstrom R A, Davis J R. 1967. The resonant gate transistor. IEEE Trans Electron Devices, 14: 11733

Nayfeh A H. 1981. Introduction to Perturbation Techniques. New York: Wiley Inter-science

Nayfeh A H, Younis M I, Abdel-Rahman E M. 2005. Reduced-order models for MEMS applications. Nonlinear Dynam, 41: 211~236

Nguyen Q S. 2000. Stability and Nonlinear Solid Mechanics. New York: Wiley

Noghrehabadi A, Ghalambaz M, Ghanbarzadeh A. 2012. A new approach to the electrostatic pull-in instability of nanocantilever actuators using the ADM-Pade technique. Comput Math Appl, 64（9）: 2806~2815

Nowinski J L. 1978. Theory of Thermoelasticity with Applications. Sijthoff and Noordhoff, Alphen a/d Rijn

Païdoussis M P, Luu T P , Prabhakar S. 2008. Dynamics of a long tubular cantilever conveying fluid downwards, which then flows upwards around the cantilever as a confined annular flow. J Fluid Struct, 24: 111~128

Pamidighantam S, Puers R, Baert K, Tilmans H A C. 2002. Pull-in voltage analysis of electrostatically actuated beam structures with fixed-fixed and fixed-free end conditions. J Micromech Microeng, 12: 458~464

Paslay P R, Bogy D B. 1964. The stability of a circular rod laterally constrained to be in contactwith an inclined cir-cular cylinder. J Appl Mech, 605~610

Peroulis D, Sarabandi K, Katehi L P B. 2002. Design of low actuation voltage RF MEMS switches. IEEE MTT-S Int Microwave Symp Digest, 165~168

Plaut R H, Suherman S, Dillard D A, Williams B E, Watson L T. 1999. Deflections and buckling of a bent elastics in contact with aflat surface. Int J Solids Struct, 39: 1209~1229

Pradhan S C, Sarkar A. 2009. Analyses of tapered fgm beams with nonlocal theory. Struct Eng Mech, 32（6）: 811~833

Qin X, Gao D. 2016. The effect of residual bending on coiled tubing buckling behavior in a horizontal well. J Nat Gas Sci Eng, 30: 182~194.

Rahman M A, Qiu J, Tani J. 2001. Buckling and post-buckling characteristics of the superelastic SMA columns. Int J Solids Struct, 38: 9253~9265

Raj A, Sujith R I. 2005. Closed-form solutions for the free longitudinal vibration of inhomogeneous rods. J Sound Vib, 283（3）: 1015~1030.

Rajasekaran S. 2013a. Buckling and vibration of axially functionally graded nonuniform beams using differential transformation based dynamic stiffness approach. Meccanica, 48（5）: 1053~1070

Rajasekaran S. 2013b. Free vibration of tapered arches made of axially functionally graded materials. Struct Eng Mech, 45（4）: 569~594

Raju K K, Rao G V. 1993. Thermal post buckling of uniform columns on elastic foundation. J Eng Mech-ASCE, 119: 626~629

Rao B N, Rao G V. 1988. Large amplitude vibrations of a tapered cantilever beam. J Sound Vib, 127（1）: 173~178

Rao G V, Raju K K. 1978. Large amplitude vibrations of beams with elastically restrained end. J Sound Vib, 57: 302~304

Rao G V, Rao K K. 1984. Thermal postbuckling of columns. AIAA J, 22: 850~851

Rao G V, Raju K K. 2002a. Thermal post buckling of uniform columns: a simple intuitive method. AIAA J, 40: 2138~2140

Rao G V, Raju K K. 2002b. Large amplitude vibrations of spring hinged beams. AIAA J., 40: 1912~1915

Rao G V, Raju K K, Raju I S. 1976. Finite element formulation for the large amplitude free vibrations of slender beams and orthotropic circular plates. Comput Struct, 6: 169~172

Raju K K, Naidu N R, Rao G V. 1996. Thermal buckling of circular plates with localized axisymmetric damages. Comput Struct, 60(6): 1105~1109

Rao G V, Meera K S, Ranga G J. 2008. Simple formula to study the large amplitude free vibrations of beams and plates. J Appl Mech, 75: 14505

Rao G V, Reddy G K, Jagadish Babu G, Rao V V S. 2012. Prediction of thermal post buckling and deduction of large amplitude vibration behavior of spring-hinged beams. Forsch Ingenieurwes, 76: 51~58

Ritto T G, Soize C, Sampaio R. 2009. Non-linear dynamics of a drill-string with uncertain model of the bit-rock interaction. Int J Nonlin Mech, 44: 865~876

Ritto T G, Soize C, Sampaio R. 2010. Probabilistic model identification of the bit-rock-interaction-model uncertainties in nonlinear dynamics of a drill-string. Mech Res Commun, 37: 584~589

Saboori B, Khalili S M R. 2012. Free vibration analysis of tapered FRP transmission poles with flexible joint by finite element method. Struct Eng Mech, 42(3): 409~424

Sadeghi A. 2012. The flexural vibration of V shaped atomic force microscope cantilevers by using the Timoshenko beam theory. ZAMM-Z Angew Math Mech, 92(10): 782~800

Sadeghi A. 2015. A new investigation for double tapered atomic force microscope cantilevers by considering the damping effect. ZAMM-Z Angew Math Mech, 95(3): 283~296

Sakiyama T. 1985. A method of analyzing the bending vibration of any type of tapered beams. J Sound Vib, 101(2): 267~270

Sampaio R, Piovan M T, Venero Lozano G. 2007. Coupled axial/torsional vibrations of drill-strings by means of non-linear model. Mech Res Commun, 34: 497~502

Sato K. 1980. Transverse vibrations of linearly tapered beams with ends restrained elastically against rotation subjected to axial force. Int J Mech Sci, 22(2): 109~115

Seelig F F. 1980. Unrestricted harmonic-balance I: theory and computer program for time-dependent systems. Z Naturforsch, 35a: 1054~1061

Senturia S D. 2001. Microsystems Design. New York: Springer-Verlag

Seydel R. 1994. Practical Bifurcation and Stability Analysis-From Equilibrium to Chaos, 2nd edn, Berlin: Springer

Shahba A, Attarnejad R, Hajilar S. 2011. Free vibration and stability of axially functionally graded tapered Euler-Bernoulli beams. Shock Vib, 18(5): 683~696

Shahba A, Rajasekaran S. 2012. Free vibration and stability of tapered Euler-Bernoulli beams made of axially functionally graded materials. Appl Math Model, 36(7): 3088~3105

Shames I H, Dym C L. 1985. Energy and Finite Element Methods in Structural Mechanics. New York: Hemisphere Publishing

Shariyat M. 2011. A double-superposition global-local theory for vibration and dynamic buckling analyses of viscoelastic composite/sandwich plates: a complex modulus approach. Arch Appl Mech, 81(9): 1253~1268

Sharma P, Koul S K, Chandra S. 2007. Fabrication and characterization of millimeter-size dielectric membranes prepared by RF sputtering and bulk micromachining techniques. Sensor Lett, 5: 552~558

Singh G, Rao G V, Iyengar N G R. 1990. Re-investigation of large amplitude free vibrations of beams using finite elements. J Sound Vib, 143: 351~355

Skaugen E. 1987. The effects of quasi-random drill bit vibrations upon drillstring dynamic behavior. SPE, 16660

Song X, Li S R. 2007. Thermal buckling and post-buckling of pinned-fixed Euler-Bernoulli beams on an elastic foundation. Mech Res Commun, 34: 164~171

Srinivasan A V. 1965. Large amplitude free oscillations of beams and plates. AIAA J, 3: 1951~1953

Stemple T. 1990. Extensional beam-columns: An exact theory. Int J Nonlin Mech, 25: 615~623

Summers J L, Savage M D. 1992. 2 timescale harmonic-balance I: Application to autonomous one-dimensional nonlinear oscillators. Philos Trans R Soc London A, 340: 473

Sun W P, Sun Y H, Yu Y P, Zheng S P. 2016. Nonlinear vibration analysis of a type of tapered cantilever beams by using an analytical approximate method. Struct Eng Mech, 59(1): 1~14

Sun Y H, Yu Y P. 2015. Closed form solutions for the large post-buckling deformation of radio frequency-micro-electromechanical systems beams subjected to electrostatic loads. J Comput Theor Nanosci, 12(10): 3044~3049

Sun Y H, Yu Y P, Liu B C. 2015a. A simple and accurate numeric solution procedure for nonlinear buckling model of drill string with frictional effect. J Petrol Sci Eng, 128: 44~52

Sun Y H, Yu Y P, Liu B C. 2015b. Brief and accurate analytical approximations to nonlinear static response of curled cantilever micro beams. Struct Eng Mech, 56(3): 461~472

Sun Y H, Yu Y P, Liu B C. 2015c. Closed form solutions for predicting static and dynamic buckling behaviors of a drillstring in a horizontal well. Eur J Mech - A/Solids, 49: 362–372

Sun Y H, Wu B S, Yu Y P. 2015d. Combined effect of pressure and geometric imperfection on buckling of stressed thin films on substrates. Acta Mechanica, 226(5): 1647~1655

Sun Y H, Wu B S, Yu Y P. 2016a. Analytical approximate prediction of thermal post-buckling behavior of the spring-hinged beam. Int J Appl Mech, 8(3): 1650028

Sun Y H, Yu Y P, Wu B S, Liu B C. 2016b. Closed form solutions for nonlinear static response of curled cantilever micro-/nanobeams including both the fringing field and van der Waals force effect, Microsystem Technologies, DOI 10.1007/s00542-016-2870-y

Swaddiwudhipong S, Liu Z S. 1996. Dynamic response of large strain elasto-plastic plate and shell structures. Thin-Walled Struct, 26(4): 223~239

Swaddiwudhipong S, Liu Z S. 1997. Response of laminated composite plates and shells. Compos Struct, 37(1): 21~32

Tan M L, Gan L F. 2009. Equilibrium equations for nonlinear buckling analysis of drill-strings in 3D curved well-bores. Science in China Series E: Technological Sciences, 52(3): 590~595

Tani J. 1978. Influence of axisymmetrical initial deflections on the thermal buckling of truncated conical shells. Nucl Eng Des, 48: 393~403

Tauchert T R, Lu W Y. 1987. Large deformation and post-buckling behavior of an initially deformed rod. Int J Nonlin Mech, 22(6): 511~520

Thompson J M T, Hunt G W. 1973. A General Theory of Elastic Stability. Wiley, London

Tikhonov V S, Safronov A I. 2011. Analysis of postbuckling drillstring vibrations in rotary drilling of extended-reach wells. J Energy Resour Technol - ASME 133(4): 043102

Vaz M A, Silva D F C. 2003. Post-buckling analysis of slender elastic rods subjected to terminal forces. Int J Nonlin Mech, 38: 483~492

Vaz M A, Solano R F. 2003. Post-buckling analysis of slender elastic rods subjected to uniform thermal loads. J Therm Stresses, 26: 847~860

Wadee M A. 2000. Effects of periodic and localized imperfections on struts on nonlinear foundations and compression sandwich panels. Int J Solids Struct, 37: 1191~1209

Wadee M A, Simões da Silva L A P. 2005. Asymmetric secondary buckling in monosymmetric sandwich struts. J Appl Mech-Trans ASME, 72: 683~690

Wadee M A, Yiatros S, Theofanous M. 2010. Comparative studies of localized buckling in sandwich struts with different core bending models. Int J Non-Linear Mech, 45: 111~120

Wadee M K, Hunt G W, Whiting A I M. 1997. Asymptotic and Rayleigh–Ritz routes to localized buckling solutions in an elastic instability problem. Proc R Soc Lond Ser A—Math Phys Eng Sci, 453(1965): 2085~2107

Wagner H. 1965. Large-amplitude free vibrations of a beam. J Appl Mech, 32(4): 887~892

Wang C Y. 1997. Post-buckling of a clamped-simply supported elastica. Int J Nonlin Mech, 32(6): 1115~1122

Wang X, Yuan Z. 2012. Investigation of frictional effects on the nonlinear buckling behavior of a circular rod laterally constrained in a horizontal rigid cylinder. J Petrol Sci Eng. 90-91: 70~78

Wang X, Dong K. 2007. Local buckling for triangular and lemniscate delaminations near the surface of laminated cylindrical shells under hygrothermal effects. Compos Struct, 79: 67~75

Wang Y, Gao D, Fang J. 2014. Finite element analysis of deepwater conductor bearing capacity to analyze the subsea wellhead stability with consideration of contact interface models between pile and soil. J Petrol Sci Eng, 126: 48~54

Wang Y, Gao D, Fang J. 2015a. Study on lateral vibration analysis of marine riser in installation-via variational approach. J Nat Gas Sci Eng, 22: 523~529

Wang Y, Gao D, Fang J. 2015b. Coupled dynamic analysis of deepwater drilling riser under combined forcing and parametric excitation. J Nat Gas Sci Eng, 27: 1739~1747

Weltzin T, Aas B, Andreassen E, Lindland M. 2009. Measuring Drillpipe Buckling Using Continuous Gyro Challenges Existing Theories. SPE Drilling & Completion, 24(4): 464~472

Williams D, Leggett D M A, Hopkins H G. 1941. Flat sandwich panels under compressive end loads. Reports & Memoranda

Woinowsky-Krieger S. 1950. The effect of an axial force on the vibration of hinged bars. J Appl Mech-ASME, 17: 35~36

Wu B S, Piao Y X. 2003. A note on the critical points of equilibrium paths in imperfect structures. Int

J Nonlin Mech, 38: 381~387

Wu B S, Yu Y P. 2014. A simplified analysis on buckling of stressed and pressurized thin films on substrates. Arch Appl Mech, 84(2): 149~157

Wu B S, Sun W P, Lim C W. 2006. An analytical approximate technique for a class of strong non-linear oscillators. Int J Nonlin Mech, 41: 766~774

Wu B S, Yu Y P, Li Z G. 2007. Analytical approximations to large post-buckling deformation of elastic rings under uniform hydrostatic pressure. Int J Mech Sci, 49(6): 661~668

Wu B S, Yu Y P, Li Z G, Xu Z H. 2013. An analytical approximation method for predicting static responses of electrostatically actuated microbeams. Int J Nonlin Mech, 54: 99~104

Wu J S, Hsieh M. 2000. Free vibration analysis of a non-uniform beam with multiple point masses. Struct Eng Mech, 9(5): 449~467

Yardimoglu B. 2006. Vibration analysis of rotating tapered Timoshenko beams by a new finite element model. Shock Vib, 13(2): 117~126

Yiatros S, Wadee M A. 2011. Interactive buckling in sandwich beam-columns. IMA J Appl Math, 76: 146~168

Yigit A S, Christoforou A P. 2006. Stick-slip and bit-bounce interaction in oil-well drillstrings. J Energ Resour-ASME, 128(4): 268~274

Younis M I, Abdel-Rahman E M, Nayfeh A H. 2003. A reduced-order model for electrically actuated microbeam-based mems. J Microelectromech S, 12: 672~680

Yu Y P, Sun Y H. 2012. Analytical Approximate solutions for Large post-buckling response of a hygrothermal beam. Struct Eng Mech, 43(2): 211~223

Yu Y P, Lim C W, Wu B S. 2008. Analytical approximations to large hygrothermal buckling deformation of a beam. J Struct Eng-ASCE, 134: 602~607

Yu Y P, Wu B S, Lim C W. 2012. Numerical and analytical approximations to large post-buckling deformation of MEMS. Int J Mech Sci, 55: 95~103

Yu Y P, Sun Y H, Zang L. 2013a. Analytical solution for initial postbuckling deformation of the sandwich beams including transverse shear. J Eng Mech-ASCE, 139(8): 1084~1090

Yu Y P, Wu B S, Sun Y H, Zang L. 2013b. Analytical approximate solutions to large amplitude vibration of a spring–hinged beam. Meccanica, 48(10): 2569~2575

Yu Y P, Wu B S. 2014a. Analytical approximate solutions to large-amplitude free vibrations of uniform beams on pasternak foundation. Int J Appl Mech, 6(6): 1450075

Yu Y P, Wu B S. 2014b. An approach to predicting static responses of electrostatically actuated microbeam under the effect of fringing field and Casimir force, Int J Mech Sci, 80: 183~192

Yuste S B. 1991. Comments on the method of harmonic-balance in which Jacobi elliptic functions are used. J Sound Vib, 145: 381~390

Zhang L X, Zhao Y P. 2003. Electromechanical model of RF MEMS switches. Microsyst Technol 9(6-7): 420~426

Zhao J, Jia J Y, Chen, G Y. 2006. A novel MEMS parallel-beam acceleration switch. Proc IEEE/ASME Int Conf on Mechatronic and Embedded Systems and Applications, 349~353

Zheng X J, Zhou Y H, Wang X Z, Lee J S. 1999. Bending and buckling of ferreoelastic plates. J Eng Mech, 125(2): 180~185

Zhou Y H. 2001. An analysis of pressure-frequency characteristics of vibrating string-type pressure sensors. Int J Solids Struct, 38: 7101~7111

Ziegler F. 1989. Rammerstorfer F G. Thermo elastic stability. In: Hetnarski R B (ed.). Thermal Stresses III. Elsevier, Amsterdam: 107~189

附　　录

A

方程 (3.4)，$(3.17) \sim (3.18)$，(3.24)，(3.25)，(3.58) 中的系数表达式

$$C_1 = 1 - \frac{a^4}{384} + \frac{a^6}{11520} - \frac{a^8}{737280}$$

$$C_2 = -\frac{a^2}{6} + \frac{a^4}{96} - \frac{a^6}{3840} + \frac{a^8}{276480}$$

$$z_1 = -y_2 / d_4$$

$$z_2 = -\frac{d_3 d_4 C_2 - \xi_1 d_4 c_3 - d_1 C_2 y_2 + \xi_1 y_2 c_1}{d_4 (d_2 C_2 - \xi_1 c_2)}$$

$$\Delta \bar{Q}_0(a) = \frac{-\xi_3 y_1 + \xi_4 y_2}{\xi_1 y_1}$$

$$\Delta \bar{Q}_1(a) = \frac{d_3 d_4 c_2 - d_2 d_4 c_3 + d_2 y_2 c_1 - d_1 y_2 c_2}{d_4 (d_2 C_2 - \xi_1 c_2)}$$

$$C_1 = 1 - \frac{a^4}{384} + \frac{a^6}{11520} - \frac{a^8}{737280}$$

$$C_2 = -\frac{a^2}{6} + \frac{a^4}{96} - \frac{a^6}{3840} + \frac{a^8}{276480}$$

$$\xi_1 = 4C_1 + 3C_2$$

$$\xi_2 = -4 + 12a^2 + (4B_1 + 10B_2)Q_0$$

$$\xi_3 = -4 + 6a^2 + (4C_1 + 3C_2)Q_0$$

$$\xi_4 = -4 + 18a^2 + 6am + (4B_1 + 9B_2)Q_0$$

$$\eta_1 = C_2 Q_0 - 6a^2$$

$$\eta_2 = \left[252 + 54a^2 + (4C_1 + 15C_2)Q_0 \right] / 3$$

$$y_1 = 4(4 + 6a^2 + 3am) + (2B_1 + 3B_2)Q_0$$

$$y_2 = 6am$$

$$d_1 = -4 + 18a^2 + 6am + (4B_1 + 9B_2)Q_1$$

$$d_2 = -4 + 12a^2 + 2(2B_1 + 5B_2)Q_1$$

$$d_3 = -4 + 6a^2 + \left(4B_1 + 3B_2\right)Q_1$$

$$d_4 = 4\left(4 + 6a^2 + 3am\right) + \left(2B_1 + 3B_2\right)Q_1$$

$$c_1 = 3B_2Q_1 - 18a^2 - 18am$$

$$c_2 = \left[252 + 54a^2 + \left(4B_1 + 15B_2\right)Q_1\right]/3$$

$$c_3 = B_2Q_1 - 6a^2$$

$$M(\delta) = 65856986475\delta^{18} - 1099511627776 + 7352984010752\delta^2 - 21769041739776\delta^4$$
$$+ 37447618527232\delta^6 - 412489518940016\delta^8 + 30171363606528\delta^{10}$$
$$- 1465423202184\delta^{12} + 4557352944960\delta^{14} - 823439591472\delta^{16}$$

$$H_1(\delta) = 274877906944\delta - 1623497637888\delta^3 + 4179808485376\delta^5$$
$$- 6126905065472\delta^7 + 5592752848896\delta^9 - 3255431946240\delta^{11}$$
$$+ 1180009138944\delta^{13} - 243516596624\delta^{15} + 21904831241\delta^{17}$$

$$H_2(\delta) = -8589934592\delta^3 + 44560285696\delta^5 - 98750693376\delta^7 + 121196511232\delta^9$$
$$- 88969502720\delta^{11} + 39067159296\delta^{13} - 9501566864\delta^{15} + 987420271\delta^{17}$$

$$H_3(\delta) = -16777216\delta^5 + 61865984\delta^7 - 90947584\delta^9 + 66641920\delta^{11}$$
$$- 24344256\delta^{13} + 3547175\delta^{15}$$

$$H(\delta) = 4(68719476736 - 408021893120\delta^2 + 1056159301632\delta^4 - 1556711735296\delta^6$$
$$+ 1429036728320\delta^8 - 836639772672\delta^{10} + 305066377344\delta^{12}$$
$$- 63341762340\delta^{14} + 5733704403\delta^{16})$$

B

方程(5.41)～(5.43)，(5.56)，(6.9)～(6.10)，(6.20)～(6.21)中系数的表达式

$$B_1 = 1 - \frac{a^4}{24} + \frac{a^6}{180} - \frac{a^8}{2880}$$

$$B_2 = -\frac{2a^2}{3} + \frac{a^4}{6} - \frac{a^6}{60} + \frac{a^8}{1080}$$

$$C_1 = 1 - \frac{a^4}{384} + \frac{a^6}{11520} - \frac{a^8}{737280}$$

$$C_2 = -\frac{a^2}{6} + \frac{a^4}{96} - \frac{a^6}{3840} + \frac{a^8}{276480}$$

$$D_0 = 1 - \frac{a^6}{23040} + \frac{a^8}{737280} - \frac{a^{10}}{51609600}$$

$$D_1 = -\frac{a^2}{2} + \frac{a^6}{1280} - \frac{a^8}{46080} + \frac{a^{10}}{3440640}$$

$$D_2 = \frac{a^4}{24} - \frac{a^6}{480} + \frac{a^8}{23040} - \frac{a^{10}}{1935360}$$

$$F_0 = 1 - \frac{a^6}{360} + \frac{a^8}{2880} - \frac{a^{10}}{50400}$$

$$F_1 = -2a^2 + \frac{a^6}{20} - \frac{a^8}{180} + \frac{a^{10}}{3360}$$

$$F_2 = \frac{2a^4}{3} - \frac{2a^6}{15} + \frac{a^8}{90} - \frac{a^{10}}{1890}$$

$$\alpha_1 = (4C_1 + 3C_2)\Lambda_0$$

$$\alpha_2 = -(8B_1 + 6B_2)\rho^2\Lambda_0 + (4C_1 + 3C_2)\mu_0$$

$$\alpha_3 = 2(2C_1 + 3C_2)\mu_0\Lambda_0 - 2(2B_1 + 3B_2)\rho^2\Lambda^2{}_0 - \pi^2$$

$$\alpha_4 = (4C_1 + 3C_2)\mu_0\Lambda_0 - (4B_1 + 3B_2)\rho^2\Lambda^2{}_0 - \pi^2$$

$$\beta_1 = C_2\Lambda_0$$

$$\beta_2 = -2B_2\rho^2\Lambda_0 + C_2\mu_0$$

$$\beta_3 = -(4C_1 + 3C_2)\mu_0\Lambda_0 + (4B_1 + 3B_2)\rho^2\Lambda^2{}_0 + 9\pi^2$$

$$\beta_4 = C_2\mu_0\Lambda_0 - B_2\rho^2\Lambda^2{}_0$$

$$\gamma_1 = 16D_0 + 8D_1 + 6D_2$$

$$\gamma_2 = -(8 + 8F_0 + 4F_1 + 3F_2)\rho^2$$

$$\gamma_3 = 16(D_1 + D_2)\mu_0 - 8(F_1 + F_2)\rho^2\Lambda_0$$

$$\gamma_4 = -(8 + 8F_0 + 4F_1 + 3F_2)\rho^2\Lambda_0 + (16D_0 + 8D_1 + 6D_2)\mu_0 - 16$$

$$\Phi_0 = (4C_1 + 3C_2)\lambda_0 + 2\Omega(4B_1 + 3B_2)\lambda^2{}_0 - 4$$

$$\Phi_1 = 4C_1 + 3C_2 + 4\Omega(4B_1 + 3B_2)\lambda_0$$

$$\Phi_2 = 2(2C_1 + 3C_2)\lambda_0 + 4\Omega(2B_1 + 3B_2)\lambda^2{}_0 - 4$$

$$\Psi_0 = C_2\lambda_0 + 2\Omega B_2\lambda^2{}_0$$

$$\Psi_1 = C_2 + 4\Omega B_2\lambda_0$$

$$\Psi_2 = 36 - (4C_1 + 3C_2)\lambda_0 - 2\Omega(4B_1 + 3B_2)\lambda^2{}_0$$

编 后 记

　　《博士后文库》（以下简称《文库》）是汇集自然科学领域博士后研究人员优秀学术成果的系列丛书。《文库》致力于打造专属于博士后学术创新的旗舰品牌，营造博士后百花齐放的学术氛围，提升博士后优秀成果的学术和社会影响力。

　　《文库》出版资助工作开展以来，得到了全国博士后管委会办公室、中国博士后科学基金会、中国科学院、科学出版社等有关单位领导的大力支持，众多热心博士后事业的专家学者给予积极的建议，工作人员做了大量艰苦细致的工作。在此，我们一并表示感谢！

《博士后文库》编委会